主 / 编 / 介 / 绍

陈建平

学士，大数据专家讲师，福建师范大学毕业。2006年从事大数据相关的工作，2010年开始从事大数据培训工作，15人以上的大数据团队带队经验。曾承担过BI工程师、数据挖掘工程师、大数据架构师、数据科学家、大数据技术总监、合伙人等职位，曾参与和组织过个性化推荐大数据和图像处理的人工智能等20多个项目，曾在上海IBM公司担任过高级数据挖掘工程师。多次受邀参加学校大数据实验室专家和高校专业论证会等。

精通大数据相关技术，熟悉关系型数据库Oracle\MySQL\DB2，熟悉GreenPlum高并发数据库；精通Hadoop、HBase、HDFS、Hive、Pig、Hue、Spark等开源技术，对实时处理Storm、SparkStreaming有较深的认识，熟悉分布式MapReduce计算引擎。精通数据挖掘算法和解决方案。熟悉SPSS\R语言\SparkMLlib\Python等挖掘语言，熟悉决策树、K-means、神经网络、Logistc线性回归、Apriori算法、协同过滤等多种算法。

熟悉零售、电信、移动、电力、证券、网络、物流、医疗、银行等业务。

认证资质包括：CCNP、OCP、PMP、高级软件证书、资深讲师证、Cloudera 管理员开发证书、高级大数据分析师证书、高级数据分析师证书等。

部分培训过单位和学校：北京电力公司、福建电信公司、上海物流公司、苏宁电器、中国工商银行、上海烟草、湖北电力公司、上海IBM企业、上海汽车股份、上海电信、江西地税、嘉兴电力、上海电信、闽江学院、龙岩学院、福师大等。

已出版教材：《Cloudera Hadoop大数据平台实战指南》

陈志德

博士，教授。1999年毕业于福建师范大学数学系，获学士学位；2002年毕业于福州大学数学系，获硕士学位；2005年毕业于复旦大学计算机科学与工程系，获博士学位；2005年至今在福建师范大学数学与计算机科学学院工作，任网络空间安全系副主任。主要研究方向包括网络与信息安全、物联网与移动计算等，指导硕士研究生30多人，指导研究生的学位论文曾获校优秀硕士论文一等奖。近年来主持福建省自然科学基金、福建省科技厅K类基金等项目10项，参与国家自然科学基金和省科技厅高校产学合作科技重大项目课题各1项。出版学术专著2本，教材1本。在Journal of Computer and System Sciences、Concurrency and Computation: Practice and Experience等期刊发表学术论文40多篇，申请专利10多项，软件著作权10多项。担任CTCIS和NSS等国内和国际学术会议的程序委员会委员。

席进爱

上海瀚途英烁副总裁/CIO，拥有SIFM、CFA、高级大数据分析师证书。历任上海朝阳永续股份有限公司董事/冰创科技CEO、上海大智慧基金执行总裁、上海证券通产品中心总经理。13年金融领域丰富经验，业务涉及证券、基金、银行、保险。主导并负责多家公司从0到1组建团队、搭建系统和拓展业务，成功运作多起千万级用户平台。目前主要致力于AI和大数据技术的落地应用，研发有智能机器人、智能投研、智能投顾和智能营销四大系统，带领公司成功入选百度AI加速器第4期成员企业。

大数据
人才培养丛书

大数据技术和应用

陈建平　陈志德　席进爱　　　　　　　　　　　主　编

徐安丽　刘春鑫　姚一飞　李春静　包建国　王　斌　李金湖　　副主编

清华大学出版社
北　京

内 容 简 介

这是一本大数据技术入门的简明教材。全书理论和实践相结合，以应用实战为主，深入浅出地讲解每个知识点，对每个应用实验按学习习惯，分步骤讲解，每个步骤都有文字说明和效果截图，使读者能清晰地知晓动手实操的效果和错误之处。

全书分为 9 章，全面介绍了大数据技术的相关基础知识、HDFS 和数据库、采集传输工具、挖掘分析算法、Spark 计算框架、可视化、大数据安全、大数据应用等内容，着重介绍了 HDFS 分布式文件系统、NoSQL 等各种数据库、数据仓库 Hive，以及数据采集分析技术，并配套了详细的实验教程以及练习题。

本书适合作为高等院校计算机、软件工程、大数据专业高职、本科生的教材，同时可供企业中从事大数据开发的工程师和科技工作者参考。

本书封面贴有清华大学出版社防伪标签，无标签者不得销售

版权所有，侵权必究。侵权举报电话：010-62782989　　　13701121933

图书在版编目（CIP）数据

大数据技术和应用 / 陈建平，陈志德，席进爱主编. — 北京：清华大学出版社，2020.1
（大数据人才培养丛书）
ISBN 978-7-302-54219-3

Ⅰ. ①大… Ⅱ. ①陈… ②陈… ③席… Ⅲ. ①数据处理 Ⅳ. ①TP274

中国版本图书馆 CIP 数据核字（2019）第 258032 号

责任编辑：夏毓彦
封面设计：王　翔
责任校对：闫秀华
责任印制：刘海龙

出版发行：清华大学出版社
　　　　　网　　址：http://www.tup.com.cn，http://www.wqbook.com
　　　　　地　　址：北京清华大学学研大厦 A 座　　　　　邮　编：100084
　　　　　社总机：010-62770175　　　　　　　　　　　邮　购：010-62786544
　　　　　投稿与读者服务：010-62776969，c-service@tup.tsinghua.edu.cn
　　　　　质量反馈：010-62772015，zhiliang@tup.tsinghua.edu.cn
印装者：清华大学印刷厂
经　销：全国新华书店
开　　本：190mm×260mm　　　彩　插：1 页　　　印　张：17.5　　　字　数：448 千字
版　　次：2020 年 1 月第 1 版　　　　　　　　　　　　　　印　次：2020 年 1 月第 1 次印刷
定　　价：59.00 元

产品编号：085211-01

前　言

当前，大数据（Big Data）一词越来越多地被提及，人们用它来描述和定义信息爆炸时代产生的海量数据，并命名与之相关的技术发展与创新。数据正在迅速膨胀并变大，它决定着企业的未来发展，虽然现在企业可能并没有意识到数据爆炸性增长带来的隐患，但是随着时间的推移，人们将越来越多的意识到数据对企业的重要性。大数据时代对人类的数据驾驭能力提出了新的挑战，也为人们获得更为深刻、全面的洞察能力提供了前所未有的空间与潜力。

大数据在互联网行业指的是这样一种现象：互联网公司在日常运营中生成、累积的用户网络行为数据。这些数据的规模是如此庞大，以至于不能用 G 或 T 来衡量，大数据的起始计量单位至少是 P（1000 个 T）、E（100 万个 T）或 Z（10 亿个 T）。

大数据专业作为典型的"新工科"专业，在课程体系建设方面还处于摸索阶段，没有太多可供借鉴的现成经验，需要一大批热爱教学的高等学校教师积极投身课程体系和教材建设工作中，共同推动全国高等学校大数据教学工作不断向前发展。

关于本书

本书定位为大数据从入门到应用的简明系统教材，特色是理论和实践相结合，更多的是以应用实战为主，内容全面、深入浅出地讲解了每个知识点，通俗易懂。对每个实验基本是按照学习的习惯，分步骤式地讲述，每个步骤都有文字说明和效果截图，使得读者能很清晰地知晓自己在动手实操过程的效果和错误之处，一目了然。

本书使用 Apache 原生态的 Hadoop 环境，包括关系型数据库 MySQL、分布式文件系统 HDFS、非结构化数据库 HBase、数据接入工具 Kafka 等组件。在撰写过程中，参考了大量网络的资料，百度、谷歌、知乎、CSDN 等知名网站，阅读了多种大数据相关方面的文献，对比了各自介绍文章的优势和不足。

本书分为 9 章，第 1 章着重介绍大数据的基础应用和发展趋势；第 2 章着重介绍大数据开发所需的技术基础，包括 Linux、Java、SQL 等；第 3 章着重介绍常见的数据采集器以及采集工具 Flume 和传输工具 Sqoop；第 4 章着重介绍大数据存储相关的 HDFS 和 NoSQL、Redis、MongoDB、Neo4j 等数据库；第 5 章着重介绍数据仓库 Hive 和大数据挖掘分析算法及应用；第 6 章着重介绍了 Spark 计算框架的原理机制和处理技术；第 7 章着重介绍了大数据可视化原理和 Tebleau、Power　BI 等工具；第 8 章分析了大数据技术目前所面临的安全挑战及其对策；第 9 章对大数据技术的应用和发展做出了展望。全书提供了与章节学习内容配套的实验，重点章节配有习题。

本书适合的读者

本书是大数据技术的基础用书，适合作为中职、高职、应用型本科的前导课程，在整个人才培养方案里面属于大数据的专业基础课程部分，建议授课时间为第 2 学期或者第 3 学期。

本书同时也适合大数据的初学者，对大数据感兴趣的技术人员，以及想从事大数据开发工作的初学者。

阅读本书之前，读者应该具有如下基础：有一定计算机网络基础知识；了解 Linux 基本原理；懂得基本的 Linux 操作命令；对 Java 语言有一定了解；了解传统的数据库的理论知识。

联系方式与资源下载

大数据技术的发展非常快速，在今后的工作中，笔者以及德明教育会持续跟踪大数据的发展趋势，把大数据最新的技术和本书相关补充资料及时发布到官网，方便本书读者通过网络及时获取到相关信息。由于笔者能力有限，书中难免存在不足之处，望广大读者能够提出宝贵意见。

本书是完整的学校指导用书，配套资源包括课程标准、课程大纲、教学日历、教学课件 PPT、实训手册、习题题目和答案、期末考试卷和答案、实验环境、教学的微课、实验的视频，非常方便各高校教师的授课，相关的配套资源会在德明教育官网持续更新，欢迎大家在线查看和下载。网页地址二维码如下：

陈建平

2020 年 1 月

目 录

第 1 章
◀ 了解大数据 ▶

本章学习目标

- 了解大数据的相关概念、处理流程以及基础处理技术。
- 了解目前流行的大数据技术以及 Hadoop 生态系统和组件。
- 了解目前典型的大数据解决方案。
- 了解大数据市场的规模。
- 了解大数据发展面临的问题及发展趋势。

本章先向读者介绍大数据技术的概念和基础技术，再介绍目前主流的大数据技术和 Hadoop 生态系统，最后再详细地描述了大数据技术的发展现状和趋势。

1.1 大数据处理的基础技术

1.1.1 大数据相关概念

1. 大数据特征

大数据（Big Data），无法在一定时间范围内通过常规软件工具对其内容进行抓取、管理和处理的数据集合。大数据具有 4 个特性，简称"4V"，具体如下。

- Volume（大量）：数据量巨大，集中存储、计算已经无法处理巨大的数据量。
- Variety（多样）：种类和来源多样化，例如日志、图片、视频、文档、地理位置等。
- Velocity（高速）：分析处理速度快。能够做到海量数据的及时有效分析。
- Value（低价值密度）：价值密度低，商业价值高。能够做到对大量的不相关信息进行复杂的深度分析，深挖价值。

2. 大数据构成

大数据的构成一般包括结构化数据、非结构化数据和半结构化数据 3 类，具体说明如下。

（1）结构化数据

结构化数据具有固定的类型、结构、属性划分等信息。人们通常所了解的关系型数据库中所存放的数据信息，大多都是结构化数据，比如 hd_user（用户信息表），拥有 open_id（微信ID）、name（姓名）、mobile（手机号）、card_id（身份证号）、sex（性别）等基本属性。结构化数据通常是直接存储在数据库的表中，数据记录中的每一个属性对应表中的一个字段。

（2）非结构化数据

非结构化数据是没法采用统一的结构来表示的数据，比如常见的声音、图片、视频、文本文件、网页等信息。数据记录非常小时（比如 KB 级别），可考虑直接存储在数据库表中（整条记录映射到某一个列中），这样便于快速检索整条记录。当非结构化数据量较大时，通常考虑直接存放在文件系统中，数据库可用来存放相关数据的索引信息。

（3）半结构化数据

半结构化数据不仅具有一定的结构性，还具有一定的灵活可变性。比如常见的 XML、HTML 等数据，也属于半结构化数据的一种。半结构化数据可以考虑直接转换成结构化数据进行存放。依据数据记录的大小特点，选择适合的存储方式，这一点与非结构化数据存储类似。

一般而言，结构化数据仅占全部数据的 20%以内，但这 20%以内的数据浓缩了过去长时间以来企业在各个方面的数据需求，发展也相当成熟，即数据也具有所谓的"二八法则"，20%的数据具有 80%的价值。那些不能完全数字化的文本文件、声音、图片、视频等信息就属于非结构化数据，非结构化数据中往往存在大量的、有价值的信息，特别是随着移动互联网、物联网、车联网的发展，非结构化数据正在以成倍的速度高速增长。

1.1.2　大数据处理流程

总体来说，人们一般将大数据处理的流程分为 4 大步骤，分别为大数据采集、大数据清洗和预处理、大数据统计分析和挖掘、结果可视化。

大数据处理流程如图 1-1 所示。

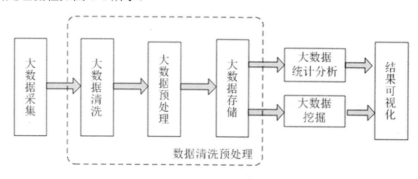

图 1-1　大数据处理流程

1. 大数据采集

大数据采集一般采用 ETL（Extract（提取）、Transform（转换）、 Load（加载））工具负责将分布、异构数据源中的数据（如流数据、关系数据、平面数据以及其他非结构化数据等）抽取到临时文件或数据库中。

2. 大数据清洗和预处理

数据采集好后，必然有不少的重复数据、无用数据甚至是脏数据，此时需要对数据进行简单的清洗和预处理，将不同来源的数据整合成一致的、适合数据分析算法和工具读取的数据（如数据去重、空值处理、异常值处理和归一化处理等），然后将这些数据存储至大型分布式数据库或者分布式存储集群当中。

3. 大数据统计分析和挖掘

数据的统计分析需要用到工具来处理，比如 SPSS、Python、R 等工具，一些结构算法模型，进行分类汇总以满足不同的统计分析需求。

与统计分析不同的是，数据挖掘一般没有什么预先设定好的主题，主要在现有数据上面进行基于各种数据挖掘算法的计算，起到预测效果，实现一些高级别数据分析的需求。常见的数据挖掘十大算法为 C4.5、K-Means、SVM、Apriori、EM、PageRank、AdaBoost、KNN、Naive Bayes、CART；常见的数据挖掘工具有 Python 的 Scikit-Learn、Hadoop 的 Mahout、Spark 的 MLlib 等。

4. 结果可视化

大数据分析的使用者除了大数据分析专家外，还有普通的业务人员等，但是两者对于大数据分析最基本的要求都是一样的，即可视化分析。可视化分析不仅可以直观地呈现出大数据的特征，还可以被读者轻松地接受，形同看图说话一样，简单明了，一目了然。

1.1.3　大数据处理基础技术

1. 分布式计算

分布式计算，是相对于集中式计算而言的，将需要进行大量计算的项目数据分割成若干个小块，由分布式系统中多台计算机节点分别计算，再将计算结果进行合并，并得出统一的数据结论。分布式计算的目的是对海量的数据进行分析，如从网联汽车的海量报文数据中分析出车辆的异常，从淘宝"双十一"的数据中实时计算出各地区消费者的消费行为等。

SETI@home 是比较具有代表性的分布式计算项目，该项目是由美国加州大学伯克利分校创立的，一项利用全球联网的计算机共同搜寻地外文明（SETI）的科学实验计划，一般通过互联网来传输数据，再利用世界各地成千上万志愿者的计算机的闲置计算能力，来分析地外无线电信号，搜索外星生命迹象。该项目数据基数很大，有着千万级的数据量，已有百余万的志愿者通过运行一个可以免费下载的程序，并分析从射电望远镜传来的数据来加入到这个项目中。

2. 分布式文件系统

分布式文件系统，是将数据分散地存放在多台独立的设备上，它采用可扩展的系统结构，用多台存储服务器来分担存储的负荷，利用元数据定位数据在服务器中的存储位置。其特点是具有较高的系统可靠性、可用性、可扩展性和存储效率。分布式文件的系统结构如图 1-2 所示。

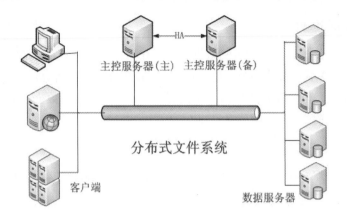

图 1-2　分布式文件系统

分布式文件系统包括 4 种关键技术，分别为：

- 元数据管理技术。
- 系统弹性扩展技术。
- 存储层级内的优化技术。
- 针对应用和负载的存储优化技术。

3. 分布式数据库

分布式数据库的基本思想，是将原来集中式数据库中的数据分散地存放至通过网络连接的多个数据存储节点上，从而获得更大的存储空间和更高的并发量。

分布式数据库系统，可以通过多个异构、位置分布、跨网络的计算机节点组成。每台计算机节点中都可以包含有数据库管理系统的一份完整的或部分副本，并且具有自己局部的数据库。多台计算机节点，利用高速计算机网络将物理上分散的多个数据存储单元相互连接起来，共同构建一个完整的、全局的、逻辑上集中的和物理上分布的大型数据库系统。

适用于大数据存储的分布式数据库具有以下 3 大特征，简称"三高"。

- 高可扩展性：指分布式数据库具有高可扩展性，能够动态地增添存储节点，以实现存储容量的线性扩展。
- 高并发性：指分布式数据库能及时响应大规模用户的读与写请求，能够对海量数据进行随机的读与写操作。
- 高可用性：指分布式数据库提供容错机制，能够实现数据库数据冗余备份，保证数据和服务的高度可靠性。

4. 数据库与数据仓库

数据库和数据仓库在概念上有很多相似之处，但是也有本质上的差别。

- 数据仓库（Data Warehouse）：是一个面向主题的（Subject Oriented）、集成的（Integrated）、相对稳定的（Non-Volatile）、反映历史变化（Time Variant）的数据集合，用于支持管理决策。

● 数据库：是按照一定数据结构来组织、存储和管理数据的数据集合。

数据仓库所在层面比数据库更高,换句话说就是一个数据仓库可以通过不同类型的数据库实现。图 1-3 从结构设计、存储内容、冗余程度和使用目的四个方面展示了数据库与数据仓库的差异。

结构设计
数据库主要面向事务设计,数据仓库主要面向主题设计,所谓面向主题设计,是指数据仓库中的数据按照一定的主题域进行组织。

存储内容
数据库一般存储的是在线数据,对数据的变更历史往往不存储,而数据仓库一般存储的是历史数据,以支持分析决策。

冗余程度
数据库设计尽量避免冗余以维持高效快速的存取,数据仓库往往有意引入冗余。

使用目的
数据库的引入是为了捕获和存取数据,数据仓库是为了分析数据。

图 1-3　数据库与数据仓库的差异

5. 云计算与虚拟化

（1）云计算

云计算（Cloud Computing）是基于互联网的相关服务的增加、使用和交付模式,通常涉及通过互联网来提供动态、易扩展且虚拟化的资源,其中云只是网络、互联网的一种比喻说法。目前广为接受的是美国国家标准与技术研究院（NIST）给出的定义：云计算是一种按使用量付费的模式,这种模式提供可用的、便捷的、按需的网络访问,进入可配置的计算资源（网络、服务器、存储、应用软件、服务等）共享池,这些资源能够被快速的提供,只需要投入非常少的管理工作,或者与服务供应商进行很少的交互。

（2）KVM 虚拟机

KVM（Kernel-based Virtual Machine）虚拟机是开源 Linux 原生的全虚拟化解决方案,它基于 X86 硬件的虚拟化扩展（Intel VT 或者 AMD-V 技术）。KVM 是基于 CPU 辅助的全虚拟化方案,需要 CPU 虚拟特性的支持。一个 KVM 虚拟机,即一个 Linux QEMU-KVM 进程,与其他 Linux 进程一样被 Linux 进程调度器调度；KVM 虚拟机包括虚拟内存、虚拟 CPU 和虚拟 I/O 设备,其中内存和 CPU 的虚拟化由 KVM 内核模块负责实现,I/O 设备的虚拟化由 QEMU 负责实现；KVM 客户机系统的内存是 QEMU-KVM 进程的地址空间的一部分；KVM 虚拟机的 vCPU 作为线程运行在 QEMU-KVM 进程的上下文中。

（3）云计算和虚拟化的关系

云计算仅仅是一个概念,而不是一种具体技术,但虚拟化却是一种具体技术。虚拟化是指把硬件资源虚拟化,实现隔离性、可扩展性、安全性、资源可充分利用等。两者看似不相关,背后却有着千丝万缕的关系。虚拟化一般是将物理的实体,通过软件模式,形成若干虚拟存在的系统,其真实运作还是在实体上,只是划分了若干区域或者时域；而云计算的基础是虚拟化,但虚拟化仅仅是云计算的一部分,云计算是在虚拟化出若干资源池以后的应用。

（4）常见虚拟化产品

- **VMWare**：全球桌面到数据中心虚拟化解决方案的领导厂商，在虚拟化和云计算基础架构领域处于全球领先地位，所提供的经客户验证的解决方案可通过降低复杂性以及更灵活、敏捷的交付服务来提高 IT 效率，该厂商总部设在美国加州。
- VirtualBox：该虚拟化软件由德国 Innotek 公司开发，由 Sun Microsystems 公司出品的软件，在 Sun Microsystems 公司被 Oracle 公司（甲骨文公司）收购后正式更名成 Oracle VM VirtualBox。Innotek 以 GNU General Public License（GPL）释放出 VirtualBox，并提供二进制版本及 OSE 版本的代码。
- OpenStack：一个由美国国家航空航天局 NASA 和 Rackspace（全球三大云计算中心之一，1998 年成立）合作研发并发起的项目，是一个开源的云计算平台，由来自世界各地云计算开发及技术人员共同创建 OpenStack 项目。
- Docker：一个开源的引擎，可以轻松地为任何应用创建一个轻量级的、可移植的、自给自足的容器，通过容器可以在生产环境中批量地部署，包括 VMWare、OpenStack 集群和其他基础的应用平台。

1.2 主流大数据技术

1.2.1 主流大数据技术各阶段

现阶段，主流大数据技术一般分为 7 个阶段，分别为：

- 架构设计技术：ZooKeeper、Kafka 等。
- 采集技术：Logstash、Sqoop、Flume 等。
- 存储技术：HDFS、HBase、Hive 等。
- 计算技术：MapReduce、Spark、Storm 等。
- 数据分析挖掘技术：Mahout、MLlib。
- 海量数据检索及即时查询分析技术：Elasticsearch、Presto、Impala、Kylin 等。
- 可视化技术：ECharts、Superset、SmartBI、FineBI、YonghongBI 等。

1.2.2 Hadoop 生态系统

Hadoop 是一个开源的大数据分析软件，集合了大数据不同阶段技术的生态系统，其核心是 Yarn（Yet Another Resource Negotiator）、HDFS（Hadoop Distributed File System）和 MapReduce，集成了 Hadoop 生态圈。如图 1-4 所示是 Hadoop 生态系统架构。

图 1-4　Hadoop 生态系统

1.2.3　Hadoop 核心组件简介

1. HDFS（Hadoop 分布式文件系统）

Hadoop 体系中数据存储管理的基础是 HDFS，HDFS 是一个高度容错的系统，能够检测和应对硬件故障，能够在低成本的通用硬件上运行。

HDFS 简化了文件的一致性模型，通过流式数据访问，提供了高吞吐量数据访问能力，适合带有大型数据集的应用程序。除此之外，HDFS 还提供了"一次性写入多次读取"的机制，数据以块的形式同时分布在集群的不同物理机器上。HDFS 的架构是基于一组特定的节点构建的，这些节点包括一个 NameNode，在 HDFS 内部提供元数据服务，若干个 DataNode 为 HDFS 提供存储块。

2. MapReduce（分布式计算框架）

MapReduce 是一种分布式计算模型，用于大数据计算，它屏蔽了分布式计算框架的细节，将计算抽象成 Map 和 Reduce 两部分。其中 Map 对数据集上的独立元素进行指定的操作，生成"键-值对"（Key-Value Pair）形式的中间结果；Reduce 则对中间结果中相同"键"的所有"值"进行规约，以得到最终结果。

MapReduce 提供的主要功能包括：

- 数据划分和计算任务调度。
- 数据/代码互定位。
- 系统优化。
- 出错检测和恢复。

3. HBase（分布式列存数据库）

HBase 是一个建立在 HDFS 之上，面向列的、针对结构化数据的、可伸缩、高可靠、高性能的分布式数据库。

HBase 包括以下几个方面的特征：

- 采用了 BigTable 的数据模型，增强的稀疏排序映射表（Key-Value），其中键由行关键字、列关键字和时间戳组成。
- 提供了对大规模数据的随机、实时读写访问，同时 HBase 中存储的数据可以使用 MapReduce 来处理，将数据存储和并行计算两者完美地融合在一起。
- 利用了 HDFS 作为其文件存储系统，并利用 MapReduce 来处理 HBase 中的海量数据，利用 ZooKeeper 提供协同服务。

4. ZooKeeper（分布式协同服务）

ZooKeeper 是一个为分布式应用提供协同服务的软件，提供的功能包括配置维护、域名服务、分布式同步、组服务等，用于解决分布式环境下的数据管理问题。Hadoop 的许多组件依赖于 ZooKeeper，用于管理 Hadoop 操作。ZooKeeper 的目标是封装好复杂易出错的关键服务，将简单易用的接口和性能高效、功能稳定的系统提供给用户。

5. Hive（数据仓库）

Hive 是基于 Hadoop 的一个数据仓库工具，最初用于解决海量结构化日志数据的统计问题。Hive 使用类 SQL 的 Hive 查询语言（HQL）实现数据查询，并将 HQL 转化为在 Hadoop 上执行的 MapReduce 任务。Hive 用于离线数据分析，可让不熟悉 MapReduce 的开发人员，使用 HQL 实现数据查询分析，大大降低了大数据处理应用的门槛。Hive 本质上是基于 HDFS 上的应用程序，其数据都存储在 Hadoop 兼容的文件系统（如 HDFS）中。

1.3 大数据平台解决方案

目前很多企业都提供了大数据解决方案，典型有国外的 Cloudera、Hortonworks、MapR 等，国内的 FusionInsight 和 Transwarp Data Hub 等。

1.3.1 Cloudera

Hadoop 生态系统中，Cloudera 的规模最大、知名度最高，它既是公司的名字也代表 Hadoop 的一种解决方案。Cloudera 可以为开源 Hadoop 提供支持，同时将数据处理框架延伸至一个全面的"企业数据中心"范畴，该数据中心可以作为管理企业所有数据的中心点，可以作为目标数据仓库、高效的数据平台或者现有数据仓库的 ETL 来源。

1.3.2 Hortonworks

Hortonworks 数据管理解决方案使组织可以实施下一代现代化数据架构。Hortonworks 是基于 Apache Hadoop 开发，可以从云的边缘以及内部来对数据资产进行管理。Hortonworks DPS 用户可以轻松访问防火墙、公有云（或两者的组合）背后的可信数据。Hortonworks DataFlow（HDF）能够收集、组织、整理和传送来自于全联网（设备、传感器、点击流、日志文件等）的实时数据。Hortonworks Data Platform　（HDP）能够用于创建安全的企业数据池，为企业提供信息分析，实现快速创新和实时深入了解业务动态。

2018 年 10 月，Cloudera 和 Hortonworks 公司宣布合并。

1.3.3　MapR

MapR 是一个比现有 Hadoop 分布式文件系统还要快三倍的开源产品。MapR 不仅配备了快照，还对外宣称不会出现单节点故障，并且与现有 HDFS 的 API 兼容，因此极易替换原有的系统。MapR 使得 Hadoop 变为了一个速度更快、可靠性更高、管理更容易、使用更方便的分布式计算服务和存储平台，同时扩大了 Hadoop 的使用范围和方式。MapR 包含了开源社区的许多流行工具和功能，比如 HBase、Hive 以及同 Apache Hadoop 兼容的 API 等。

1.3.4　FusionInsight

FusionInsight 是华为提供的大数据平台解决方案，该解决方案包括 4 个子产品（HD、MPPDB、Miner、Farmer）和一个操作运维系统（Manager）。FusionInsight 的架构图如图 1-5 所示。

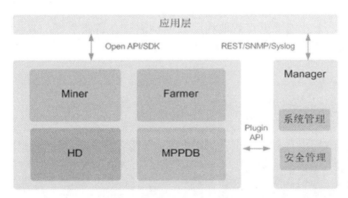

图 1-5　FusionInsight 架构图

- FusionInsight HD: 企业级的大数据处理环境，是一个分布式数据处理系统，对外提供大容量的数据存储、分析查询和实时流式数据处理分析能力。
- FusionInsight MPPDB: 企业级的大规模并行处理关系型数据库，FusionInsight MPPDB 采用 MPP（Massive Parallel Processing，大规模并行处理）架构，支持行存储和列存储，提供 PB（Petabyte，2^{50} 字节）级别数据量的处理能力。
- FusionInsight Miner: 企业级的数据分析平台，基于华为 FusionInsight HD 的分布式存储和并行计算技术，提供从海量的数据中挖掘出价值信息的平台。
- FusionInsight Farmer: 企业级的大数据应用容器，为企业业务提供统一开发、运行和管理的平台。

- FusionInsight Manager：企业级大数据的操作运维系统，提供高可靠、安全、容错、易用的集群管理能力，支持大规模集群的安装部署、监控、警告、用户管理、权限管理、审计、服务管理、健康检查、问题定位、升级和补丁等功能。

1.3.5　Transwarp Data Hub

Transwarp Data Hub（简称"TDH"）是星环信息科技（上海）有限公司提供的企业级一站式大数据综合平台，该平台是国内落地案例最多的一站式 Hadoop 发行版，性能比开源 Hadoop 2.X 还快数十倍。通过内存计算、高效索引、执行优化和高度容错等技术，TDH 使得一个平台可以处理 10GB~100PB 的数据，并且企业不再需要 MPP（Massively Parallel Processing，大规模并行处理）和混合架构。

TDH 由 Apache Hadoop 的 5 款核心产品、大数据开发工具集 Studio、安全管控平台 Guardian 和管理服务 Manager 构成。其中的 5 款核心产品分别为：

- Inceptor：用于批量处理及分析的数据库。
- Slipstream：实时流处理引擎。
- Hyperbase：NoSQL 分布式数据库。
- Search：用于在企业内部构建大数据搜索引擎。
- Discover：分布式机器学习平台，专注于利用机器学习从数据中提取价值内容。

通过使用 TDH，企业能够更有效地利用数据构建核心商业系统，加速商业创新。TDH 的架构图如图 1-6 所示。

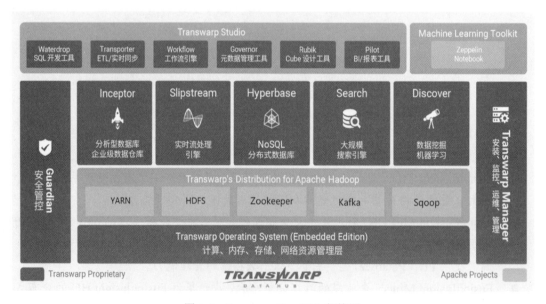

图 1-6　Transwarp Data Hub 架构图

1.4　大数据发展现状和趋势

1.4.1　大数据市场规模

目前，大数据技术在国内不仅应用十分广泛，而且发展潜力十足，其具有以下特征：

- 大数据应用以企业为主。
- 应用的覆盖面广阔。
- 电子商务、电信领域应用成熟度较高。
- 政府公共服务、金融、汽车等领域市场吸引力最大。
- 互联网+的推广使数据源增多。
- 2020 年将产生约 40 万亿 GB 的数据量。
- 大数据已上升至我国的国家战略，各地陆续出台相应的政策，国内市场庞大。

1.4.2　国内大数据发展面临的问题

目前，国内大数据的发展主要面临以下问题。

1. 数据孤岛问题严峻

- 职能部门有些信息不对称、缺乏公共平台和共享渠道等。
- 职能部门数据存在"不愿公开、不敢公开、不能公开、不会公开"等问题。
- 已经开放的数据格式标准不统一，无法进行关联融合。

2. 数据安全和隐私问题令人担忧

- 相关配套法律以及监管机制不健全、多数企业缺乏数据管理能力。
- 数据与个人隐私信息几乎没有保护。
- 需要尽快出台关于信息采集与信息保护的基本法。

3. 数据人才缺乏且创新能力不足

- 未来 3~5 年，中国数据人才缺口极大。
- 缺乏大数据技术和应用创新能力。

大数据人才的分布有以下特征：现阶段以 IT 行业背景的人才较多；未来以综合性人才（数据科学家、数据全栈工程师等）发展为主；未来对数学、统计学要求高，算法和模型的工作需求大；国内逐步开展培养需要一定时间，短期内高端人才仍旧不足。

1.4.3　大数据发展趋势

1. 数据分析成为大数据技术的核心

数据分析在数据处理过程中，占据了相当重要的地位，随着社会的发展，数据分析将逐渐成为大数据技术的核心。

2. 广泛的采用实时性的数据处理方式

大数据强调数据的实时性，因此对数据处理也需体现出实时性。将来实时性的数据处理方式将会成为业界主流，从而不断推动大数据技术的发展和进步。

3. 基于云的数据分析平台将更加完善

云计算技术的发展越来越快，与此相应的应用范围也越来越广，它的发展为大数据技术的发展提供了一定的数据处理平台和技术支持，包括分布式的计算方法，可以弹性扩展、相对便宜的存储空间和计算资源。

4. 开源将成为推动大数据发展的新动力

开源软件在大数据技术发展的过程中将不断被研发出来，并在自身发展的同时，也将为大数据技术的发展贡献出自己强大的力量。

从产业的角度来讲，大数据的发展趋势包含以下几点：

● 为用户提供时效性更强的大数据。
● 通过开展数据分析和实验寻找变化因素并改善产品性能。
● 建立用户分群，为用户提供个性化服务。
● 利用自动化算法支持或替代人工决策。
● 商业模式、产品与服务创新。

1.5 习题

一、选择题

1. 以下哪项不是大数据的特征（　　）？

 A. 价值密度低

 B. 数据类型繁多

 C. 访问时间短

 D. 处理速度快

2. 大数据的最显著特征是以下哪项（　　）？

 A. 数据规模大

 B. 数据类型多样

 C. 数据处理速度快

 D. 数据价值密度高

3. 智能健康手环的应用开发，体现了（　　）的数据采集技术的应用。

    A. 统计报表

    B. 网络爬虫

    C. 传感器

    D. API 接口

4. 大数据的处理流程步骤正确的是（　　）。

    A. 数据清洗→数据标准化→数据分析→数据可视化

    B. 数据采集→数据清洗→数据分析→数据可视化

    C. 数据挖掘→数据收集→数据分析→数据可视化

    D. 数据挖掘→数据分析→数据收集→数据标准化

5. 数据仓库的最终目的是（　　）。

    A. 收集业务需求

    B. 建立数据仓库逻辑模型

    C. 开发数据仓库的应用分析

    D. 为用户和业务部门提供决策支持

二、判断题

1. 对于大数据而言，最基本最重要的要求就是减少错误、保证质量。因此，大数据收集的信息要尽量精确。（　　）

2. HDFS 的架构是基于一组特定的节点构建的。这些节点包括 NameNode（仅一个），在 HDFS 内部提供元数据服务；若干个 DataNode 为 HDFS 提供存储块。（　　）

3. 大数据具有体量大、结构单一、时效性强的特征。（　　）

4. Hadoop 是一个开源的大数据分析软件，集合了大数据不同阶段技术的生态系统，其核心是 Spark。（　　）

5. Hive 是一个建立在 HDFS 之上，面向列、针对结构化数据、可伸缩、高可靠、高性能、分布式的数据库。（　　）

第 2 章
◄ 大数据基础软件 ►

本章学习目标

- 了解什么是用户和用户组。
- 熟悉什么是文件和目录操作。
- 了解文本编辑器的用法。
- 了解 Java 的版本并熟悉 Java 编程工具。
- 动手实操 Java 开发环境的配置。
- 了解 SQL 简介、SQL 语法和 SQL 基本函数。

本章主要向读者介绍大数据技术常用的基础软件，主要包括 Linux、Java 和 SQL 等。

2.1 Linux 基础介绍

2.1.1 用户和用户组管理

1. 用户管理

在 Linux 系统中，用户是分角色的。角色不同，权限和所完成的任务也不同。值得注意的是，用户是通过 UID 来识别的，用户的 UID 是全局唯一的。Linux 系统中的用户可分为 3 类，具体如图 2-1 所示。

图 2-1　Linux 系统中用户的三类角色

（1）添加用户

若向 Linux 系统中添加一个用户，则使用 useradd 命令。

语法：

useradd 选项 用户名

参数说明：

选项：

- -c: comment，指定一段注释性描述。
- -d: 目录，指定用户主目录，若此目录不存在，则同时使用-m 选项，可以创建主目录。
- -g: 用户组，指定用户所属的用户组。
- -G: 用户组，指定用户所属的附加组。
- -s: Shell 文件，指定用户登录 Shell。
- -u: 用户号，指定用户的用户号，若同时有-o 选项，则可以重复使用其他用户的标识号。

用户名：指定新账号的登录名。

示例：

```
# useradd -d /usr/dataxiong-m dataxiong
```

此命令创建了一个用户 dataxiong，其中-d 和-m 选项用来为登录名 dataxiong 产生一个主目录/usr/dataxiong（/usr 为默认的用户主目录所在的父目录）。

```
# useradd -s /bin/sh -g group -G adm,root xiong
```

此命令新建了一个用户 xiong，该用户的登录 Shell 是/bin/sh，它属于 group 用户组，同时又属于 adm 和 root 用户组，其中 group 用户组是其主组。

（2）删除用户

若一个用户的账号不再使用，则可以将该用户账号从 Linux 系统中删除。删除用户账号就是要将/etc/passwd 等系统文件中的该用户记录删除，必要时还需删除用户的主目录。要删除一个已有的用户账号，使用 userdel 命令。

语法：

userdel 选项 用户名

参数说明：

选项：常用的选项是-r，其作用是把用户的主目录一起删除。

用户名：指定删除用户的登录名。

示例：

```
# userdel -r dataxiong
```

此命令删除用户 dataxiong 在系统文件中（主要是/etc/passwd、/etc/shadow、/etc/group 等）的记录，同时删除用户的主目录。

（3）修改用户

修改用户的账号就是根据实际情况更改用户的有关属性，如用户号、主目录、用户组、登录 Shell 等。要修改已有用户的信息，使用 usermod 命令。

语法：

usermod 选项 用户名

参数说明：

选项：常用的选项包括-c、-d、-m、-g、-G、-s、-u 以及-o 等，这些选项的意义与 useradd 命令中的选项一样，可以为用户指定新的资源值。此外，有些系统可以使用选项：-l 新用户名，这个选项指定一个新的账号，即将原来的用户名改为新的用户名。

用户名：指定修改用户的登录名。

示例：

```
# usermod -s /bin/ksh -d /home/z -g developer dataxiong
```

此命令将用户 dataxiong 的登录 Shell 修改为 ksh，主目录改为/home/z，用户组改为 developer。

（4）用户口令管理

用户管理的一项重要内容是用户口令的管理。用户账号刚创建时无口令，但是被系统锁定无法使用，必须为其指定口令后才可使用，即使是指定空口令。超级用户可以为自己和其他用户指定口令，普通用户只能用它修改自己的口令。

语法：

passwd 选项 用户名

参数说明：

选项：

- -l: 锁定口令，即禁用账号。
- -u: 口令解锁。
- -d: 使账号无口令。
- -f: 强迫用户下次登录时修改口令。

用户名：指定口令的用户登录名。

若默认用户名，则修改当前用户的口令。

示例：

假设当前用户是 dataxiong，则下面的命令修改该用户自己的口令：

```
$ passwd
```

如果是超级用户，可以用下列形式指定任何用户的口令：

```
# passwd dataxiong
```

2. 用户组管理

每个用户都有一个用户组，Linux 系统可以对一个用户组中的所有用户进行集中管理。不同的 Linux 系统对用户组的规定有所不同，如 Linux 下的用户属于与它同名的用户组，这个用户组在创建用户时同时创建。

用户组的管理，涉及用户组的添加、删除和修改。用户组的增加、删除和修改实际上就是对/etc/group 文件的更新。

（1）添加用户组

若向 Linux 系统中添加一个用户组，则使用 groupadd 命令。

语法：

groupadd 选项 用户组

参数说明：

选项：

● -g: GID，指定新用户组的组标识号（GID）。

● -o: 一般与-g 选项同时使用，表示新用户组的 GID 可与系统已有用户组的 GID 相同。

用户组：指定新用户组。

示例：

```
# groupadd group1
```

此命令向 Linux 系统中增加了一个新组 group1，新组的组标识号是在当前已有的最大组标识号的基础上加 1。

```
# groupadd -g 101 group2
```

此命令向 Linux 系统中增加了一个新组 group2，同时指定新组的组标识号是 101。

（2）删除用户组

若要删除一个已有的用户组，则使用 groupdel 命令。

语法：

groupdel 用户组

参数说明：

用户组：指定删除的用户组的组名。

注　意
若该用户组中包含某些用户，则必须先删除这些用户之后，才可以删除该用户组。通过 tail 命令可以查看需要删除的用户组是否能找到，若找不到就表明已删除。

示例：

```
# groupdel group1
```

此命令从 Linux 系统中删除组 group1。

```
# tail -l /etc/group
```

此命令用于查看文件/etc/group 中 group1 是否被删除。

（3）修改用户组

修改用户组的属性使用 groupmod 命令。

语法：

groupmod 选项 用户组

参数说明：

选项：

- -g：GID，为用户组指定新的组标识号。
- -o：与-g 选项同时使用，用户组的新 GID 可以与系统已有用户组的 GID 相同。
- -n：新用户组，将用户组的组名改为新组名。

用户组：指定修改用户组的组名。

示例：

```
# groupmod -g 102 group2
```

此命令将用户组 group2 的组标识号修改为 102。

```
# groupmod -g 10000 -n group3 group2
```

此命令将用户组 group2 的标识号改为 10000，组名修改为 group3。

（4）用户组间切换

若一个用户同时属于多个用户组，则该用户可以在用户组之间切换，以便具有其他用户组的权限。用户可以在登录后，使用命令 newgrp 切换到其他用户组，这个命令的参数就是目的用户组。

语法：

```
$ newgrp root
```

<table>
<tr><td align="center">说　明</td></tr>
<tr><td>这条命令将当前用户切换到 root 用户组，前提条件是 root 用户组确实是该用户的主组或附加组。类似于用户账号的管理，用户组的管理也可以通过集成的系统管理工具来完成。</td></tr>
</table>

2.1.2　文件和目录操作

1. 文件操作

几个常见的处理文件的命令：

● ls: 列出文件。

● cp: 复制文件。

● mv: 移动文件。

● rm: 删除文件。

可以使用 man [命令] 来查看各个命令的使用手册。

示例：

```
# man cp
```

（1）列出文件

Linux 系统当中，ls 命令可能是最常被执行的命令，主要用于列出文件。

语法：

ls 选项 目录名称

选项说明：

● -a：全部的文件，连同隐藏文件（开头为 . 的文件）一起列出来（常用）。

● -d：仅列出目录本身，而不是列出目录内的文件数据（常用）。

● -l：以长数据串方式列出，包含文件的属性、权限等数据（常用）。

示例：

```
[root@dataxiong ~]# ls -al ~
```

将目录下的所有文件列出来（含属性文件和隐藏文件）。

（2）复制文件

Linux 系统当中，cp 命令用于复制文件。

语法：

cp 选项 来源文件（source）、目标文件（destination）

cp 选项 source1 source2 source3 ... Directory

选项说明：

- -a: 相当于 -pdr 的意思，至于 pdr 请参考下列说明（常用）。
- -d: 若来源文件为链接文件的属性（link file），则复制链接文件属性而非文件本身。
- -f: 为强制（force）的意思，表示强行复制文件或目录，不论目标文件或目录是否已经存在。
- -i: 若目标文件（destination）已经存在时，在覆盖时会先询问覆盖操作是否继续（常用）。
- -l: 创建硬链接（hard link）的链接文件，而非复制文件本身。
- -p: 连同文件的属性一起复制过去，而非使用默认属性（备份常用）。
- -r: 以递归方式持续复制，用于目录的复制操作（常用）。
- -s: 复制成为符号链接文件（symbolic link），即软链接文件。
- -u: 只有来源文件比目标文件版本新时，才复制文件。

示例：

```
[root@dataxiong ~]# cp~/.bashrc /tmp/bashrc
```

用 root 身份，将 root 目录下的.bashrc 复制到/tmp 下，并命名为 bashrc。

（3）移动文件

Linux 系统当中，mv 命令用于移动文件，或者修改名称。

语法：

mv 选项 来源文件（source）、目标文件（destination）

mv 选项 source1 source2 source3 ... Directory

选项说明：

- -f: 强制（force）的意思，如果目标文件已经存在，不会询问而直接执行覆盖操作。
- -i: 若目标文件（destination）已经存在时，就会询问是否执行覆盖操作。
- -u: 若目标文件已经存在，且来源文件比较新，才会执行更新（update）操作。

示例：

```
[root@dataxiong ~]# cd /tmp
[root@dataxiong tmp]# cp ~/.bashrc bashrc
[root@dataxiong tmp]# mkdir mvtest
[root@dataxiong tmp]# mv bashrc mvtest
[root@dataxiong tmp]# mv mvtest mvtest2
```

以上操作是将某个文件移动到某个目录去。最后一行表示将刚刚创建的目录名称 mvtest 更名为 mvtest2。

（4）删除文件

Linux 系统当中，rm 命令用于删除文件。

语法：

rm　选项　文件

选项说明：

- -f: 就是 force 的意思，忽略不存在的文件，不会出现警告信息。
- -i: 互动模式，在删除操作前会询问用户是否继续执行此删除操作。
- -r: 递归删除！最常用于目录的删除！这是非常危险的选项！！！

示例：

```
[root@dataxiong tmp]# rm -i bashrc
rm: remove regular file 'bashrc'? y
```

把刚刚在 cp 命令的实例中创建的 bashrc 删除掉。如果加上-i 的选项，就会主动询问用户是否继续删除操作，以避免用户误删除。

2. 目录操作

几个常见的处理目录的命令：

- mkdir: 创建一个新的目录。
- rmdir: 删除一个空的目录。
- cd: 切换目录。
- pwd: 显示当前的目录。

可以使用 man [命令] 来查看各个命令的使用手册（即帮助文档）。

示例：

```
# man cd
```

（1）创建目录

Linux 系统当中，mkdir 命令用于创建目录。

语法：

mkdir　选项　目录名称

选项说明：

- -m: 配置文件的权限。直接配置，不需要看默认权限（umask）。
- -p: 帮助你直接将所需要的目录（包含上一级目录）以递归方式创建起来。

21

示例：

```
[root@dataxiong ~]# cd /tmp
[root@dataxiong tmp]# mkdir test
```

创建一个名为 test 的新目录。

```
[root@dataxiong tmp]# mkdir test1/test2/test3/test4
mkdir: cannot create directory 'test1/test2/test3/test4':
No such file or directory
```

提示无法直接创建此目录。

```
[root@dataxiong tmp]# mkdir -p test1/test2/test3/test4
```

请到/tmp 目录下尝试创建数个新目录看看，加了这个 -p 的选项，可以自行帮你创建多层目录。

（2）删除目录

Linux 系统当中，rmdir 命令用于删除目录。

语法：

rmdir　选项 目录名称

选项说明：

● 　-p：连同上一级空目录也会一起删除。

示例：

```
[root@dataxiong tmp]# rmdir test/
```

删除 test 目录。

```
[root@dataxiong tmp]# ls -l
```

查看有多少目录存在。

```
[root@dataxiong tmp]# rmdir test
```

可直接删除，没问题。

```
[root@dataxiong tmp]# rmdir test1
rmdir: 'test1': Directory not empty
```

因为目录下尚有内容，所以无法删除。

```
[root@dataxiong tmp]# rmdir -p test1/test2/test3/test4
[root@dataxiong tmp]# ls -l
```

```
drwx--x--x  2 root  root 4096 Jul 18 12:54 test2
```

上面输出中 test 与 test1 不见了。

将 mkdir 实例中创建的目录（/tmp 底下）删除掉，利用-p 这个选项，立刻就可以将 test1/test2/test3/test4 一次删除。不过要注意的是，这个 rmdir 仅能删除空的目录，你可以使用 rm 命令来删除非空目录。

（3）切换目录

Linux 系统当中，cd 命令用于删除目录。

语法：

cd [相对路径或绝对路径]

示例：

```
#使用mkdir 命令创建test 目录
[root@dataxiong ~]# mkdir test
#使用绝对路径切换到test 目录
[root@dataxiong ~]# cd /root/test/
#使用相对路径切换到test 目录
[root@dataxiong ~]# cd ./test/
# 表示回到自己的目录，亦即是/root 这个目录
[root@dataxiong test]# cd~
# 表示切换到当前目录的上一级目录，亦即 /root 上一级目录的意思
[root@dataxiong ~]# cd ...
```

2.1.3　文本编辑器

1. 什么是 vim

vim 是从 vi 发展出来的一个文本编辑器。代码补完全、编译及错误跳转等方便编程的功能特别丰富，在程序员中被广泛使用。简单地说，vi 是老式的字处理器，不过功能已经很齐全了，但是还有可以改进的地方。vim 则可以说是程序开发者的一项很好用的工具，连 vim 的官方网站（http://www.vim.org）都说 vim 是一个程序开发工具，而不是文字处理软件。图 2-2 所示为 vin/vim 键盘图。

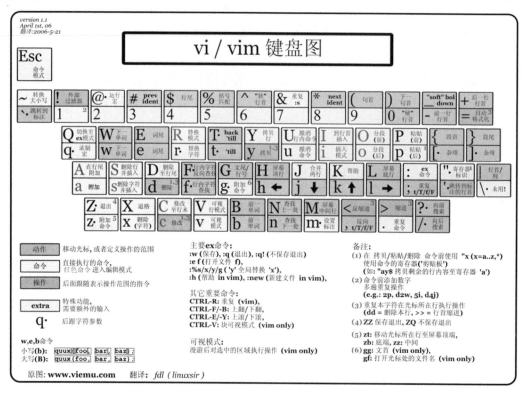

图 2-2　vin/vim 键盘图

2. vi/vim 的使用

基本上，vi/vim 共分为 3 种工作模式（见图 2-3），分别为：

- 命令模式（Command mode）。
- 输入模式（Insert mode）。
- 底线命令模式（Last line mode）。

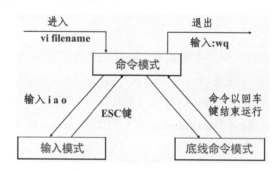

图 2-3　vi/vim 工作模式

（1）命令模式

此状态下敲击键盘动作会被 Vim 识别为命令，而非输入字符。比如我们此时按下 i，并不会输入一个字符，i 被当作了一个命令。

以下为常用的几个命令：

- i，切换到输入模式，以输入字符。
- x，删除当前光标所在处的字符。
- :，切换到底线命令模式，以便在最底一行输入命令。

若想要编辑文本，启动 vim，进入子命令模式，按下 i，切换到输入模式。

命令模式只有一些最基本的命令，因此仍然要依靠底线命令模式输入更多命令。

（2）输入模式

以下所列是输入模式中常用的几个命令，在命令模式下按下 i 就进入了输入模式。在输入模式中，可以使用以下按键：

- 字符按键以及 Shift 组合键：输入字符。
- Enter: 回车键，换行。
- BACK SPACE: 退格键，删除光标前一个字符。
- Delete: 删除键，删除光标后一个字符。
- 方向键：在文本中移动光标。
- HOME/END: 移动光标到行首/行尾。
- Page Up/Page Down: 上/下翻页。
- Insert: 切换光标为输入/替换模式，光标将变成竖线/下画线。
- Esc: 退出输入模式，切换到命令模式。

（3）底线命令模式

命令模式下按下:（英文冒号）就进入了底线命令模式。底线命令模式可以输入单个或多个字符的命令，可用的命令非常多。在底线命令模式中，基本的命令有（已经省略了冒号）：

- q: 退出程序。
- w: 保存文件。

按 ESC 键可随时退出底线命令模式。

2.2　Java 基础介绍

2.2.1　Java 基础

1. Java 版本

Java 是 Sun Microsystems 公司（简称 Sun 公司，它是一家 IT 及互联网技术服务公司，已被 Oracle 公司收购）在 1995 年 5 月推出的 Java 面向对象程序设计语言和 Java 平台的总称，是由詹姆斯·高斯林（James Gosling）和他的同事们共同研发。Java 共分为 3 个体系，具体的分类如图 2-4 所示。2005 年 6 月，JavaOne 大会召开，SUN 公司公开 Java SE 6。此时，Java

的各种版本已经更名，并且已经取消其中的数字"2"：J2EE 更名为 Java EE，J2SE 更名为 Java SE，J2ME 更名为 Java ME。

图 2-4　Java 的 3 个体系

2. 主要特性

（1）简单性

Java 语言的语法与 C 语言、C++语言的语法非常接近，使得大多数的程序员都能相当容易地学习和使用。另一方面，Java 语言丢弃了 C++语言中很少使用的、晦涩难理解的、令人迷惑的一些特性（如操作符重载、多继承、自动的强制类型转换等）。特别地，Java 语言不使用指针，而是引用，并且提供了自动的垃圾回收机制，可以使程序员不必再为内存管理而担忧。

（2）面向对象

Java 语言提供类、接口和继承等面向对象的特性，为了方便起见，虽然只支持类之间的单继承，但能支持接口之间的多继承，并且支持类与接口之间的实现机制（关键字为 implements）。Java 全面支持动态绑定，而 C++只对虚函数使用动态绑定。总而言之，Java 是一个纯的面向对象程序设计语言。

（3）分布式

Java 语言支持 Internet 应用的开发，在基本的 Java 应用编程接口中有一个网络应用编程接口（Java.net），该接口提供了包括 URL、URLConnection、Socket、ServerSocket 等用于网络应用编程的类库。Java 的 RMI（远程方法激活）机制也是开发分布式应用的重要手段。

（4）健壮性

Java 的强类型机制、异常处理和垃圾的自动收集等是 Java 程序健壮性的重要保证。对指针的丢弃是 Java 的明智选择，且 Java 的安全检查机制使得 Java 更具健壮性。

（5）安全性

Java 通常被用在网络环境中，因此 Java 提供了一个安全机制以防止恶意代码的攻击。除了 Java 语言具有的许多安全特性以外，Java 对通过网络下载的类具有一个安全防范机制（类 ClassLoader），如分配不同的名字空间以防止替代本地的同名类、字节代码检查，并且提供安全管理机制（类 SecurityManager）为 Java 应用的运行设置安全哨兵。

（6）体系结构中立性

Java 程序（后缀为 Java 的文件）在 Java 平台上被编译为体系结构中立的字节码格式（后缀为 class 的文件），然后就可以在实现这个 Java 平台的任何系统中运行。该途径适合于异构的网络环境和软件的分发。

（7）可移植性

这种可移植性来源于体系结构的中立性，此外，Java 还严格规定了各个基本数据类型的长度。Java 系统本身也具有非常强的可移植性，Java 编译器是用 Java 实现的，而 Java 的运行环境则是用 ANSI C 实现的。

（8）解释型

如前所述，Java 程序在 Java 平台上被编译为字节码格式，然后就可以在实现这个 Java 平台的任何系统中运行。在运行的时候，Java 平台中的 Java 解释器对这些字节码进行解释执行，执行的过程中需要的类在连接阶段被载入到运行环境中。

（9）高性能

同那些解释型的高级脚本语言相比，Java 语言确实是高性能的。实际应用中，Java 的运行速度随着 JIT（Just-In-Time）编译器技术的发展，越来越接近于 C++语言了。

（10）多线程

在 Java 语言中，线程是一种特殊的对象，它必须由 Thread 类或其子（孙）类来创建。通常有两种方法来创建线程：方法一，使用 Thread 类的 Thread(Runnable)构造方法将一个实现了 Runnable 接口的对象包装成一个线程；方法二，从 Thread 类派生出子类并重写 run 方法，使用该子类创建的对象即为线程。值得注意的是，Thread 类已经实现了 Runnable 接口，因此，任何一个线程均有它的 run 方法，而 run 方法中包含了线程所要运行的代码。线程的活动由一组方法来控制。Java 语言支持多个线程的同时执行，并提供多线程之间的同步机制（关键字为 synchronized）。

（11）动态性

Java 语言的设计目标之一是适应于动态变化的环境。Java 程序需要的类不仅可以动态地被载入到运行环境，而且也可以通过网络来载入所需要的类，这些都便于软件的升级。此外，Java 中的类有一个运行时刻的表示，能进行运行时刻的类型检查。

3. 发展历史

Java 的发展历史分为 3 个阶段，分别为：

- 第 I 阶段：从诞生到推出市场。
- 第 II 阶段：Java 2 时代，从 Applet 到 Server 端。
- 第 III 阶段：后 Java 时代。

（1）第 I 阶段：从诞生到推出市场

1995 年 5 月 23 日，Java 语言诞生。

1996 年 1 月，第一个 JDK-JDK 1.0 诞生。

1996 年 4 月，10 个最主要的操作系统供应商申明将在其产品中嵌入 Java 技术。

1996 年 9 月，约 8.3 万个网页应用了 Java 技术来制作。

1997 年 2 月 18 日，JDK 1.1 发布。

1997 年 4 月 2 日，JavaOne 会议召开，参与者逾一万，创当时全球同类会议规模之纪录。

1997 年 9 月，JavaDeveloperConnection 社区成员超过十万。

（2）第 II 阶段：Java 2 时代，从 Applet 到 Server 端

1998 年 12 月 4 日，Sun 公司发布了历史上最重要的版本：Java 1.2 版本；Java 进入了 Java 2 时代。

2000 年 5 月 8 日，Sun 公司推出 JDK 1.3。

2002 年 2 月 13 日，Sun 公司发布历史上最为成熟的版本 JDK 1.4。

2005 年 10 月，Sun 公司发布 Java SE 5.0（正式更名）；使得 Java 语言更加的易用。

2006 年 11 月 13 日，Sun 公司在 JavaOne 会议上，宣布 Java 开源，源码由 OpenJDK 管理。

2006 年 12 月 11 日，Sun 公司发布 Java SE 6（不是 6.0），更改了之前的 J2 命名方式。

2009 年 4 月 20 日，Oracle 公司收购 Sun 公司。

（3）第 III 阶段：后 Java 时代

2011 年 7 月 28 日，Oracle 公司发布 Java SE 7。

2014 年 3 月 18 日，Oracle 公司发布 Java SE 8。

2017 年 9 月 21 日，Oracle 公司发布 Java SE 9 GA 版本（General Availability）。

2018 年 3 月 21 日，Oracle 公司正式发布 Java 10。

2018 年 9 月 26 日，Oracle 官方宣布 Java 11（18.9 LTS）正式发布。

2019 年 3 月 19 日，Oracle 公司正式发布 Java 12。

4. Java 之父

Java 之父——詹姆斯·高斯林（James Gosling）博士，出生于加拿大，他是 Java 技术的创始人，同时也是 Sun 研究院院士。他亲手设计了 Java 语言，完成了 Java 技术的原始编译器和虚拟机。在高斯林博士的带领下，Java 目前已经成为互联网的标准编程模式以及分布式企业级应用的事实标准，其跨平台的技术优势为网络计算带来了划时代的变革。目前，高斯林博士积极致力于软件开发工具的研究，以便使得软件开发工具的功能变得更强大，更容易被开发人员使用，能够确保应用、服务开发的迅速完成。

Java 技术是 Sun 公司在 1995 年 5 月正式推出的。二十多年来，Java 已从编程语言发展成为全球第一大通用型开发平台。Java 技术已为计算机行业的主要企业所采纳，同时也被越来越多的国际技术标准化组织所认可。1999 年，Sun 公司推出了以 Java 2 平台为核心的 J2EE、J2SE 和 J2ME 三大平台。随着三大平台的迅速推进，在世界上形成了一股巨大的 Java 应用浪

潮。同时，Java 技术还引发了一场无法停止的大变革，为整个 Java 社团带来了巨大的潮水般的商业机会。

2.2.2　编程开发

1. 编程环境

JDK（Java Development Kit），称为 Java 开发包或者 Java 开发工具，它是一个能够编写 Java 的 Applet 小程序和应用程序的程序开发环境。整个 Java 的核心是 JDK，包括了 Java 运行环境（Java Runtime Environment）、一些 Java 工具和 Java 的核心类库（Java API）。无论什么 Java 应用服务器，实质上都内置了某个版本的 JDK。主流的 JDK 是 Sun 公司发布的，除了 Sun 公司之外，还有很多其他的公司和组织也开发了自己的 JDK（例如：IBM 公司开发的 JDK、BEA 公司的 JRocket、GNU 组织开发的 JDK 等）。

此外，还可以把 Java API 类库中的 Java SE API 子集和 Java 虚拟机这两部分统称为 JRE（Java Runtime Environment），而支持 Java 程序运行的标准环境就是 JRE。

JRE 是一个运行时环境，而 JDK 是一个开发环境。因此，在编写 Java 程序的时候需要有 JDK，而运行 Java 程序的时候也需要 JRE，事实上 JDK 里面已经包含了 JRE，所以只需要安装 JDK，就可以编写 Java 程序，也可以正常运行 Java 程序。但是由于 JDK 中包含着很多与运行无关的内容，占用的空间非常大，所以运行普通的 Java 程序就无须安装 JDK，只需要安装 JRE 就可以了。

2. 开发工具

Java 语言尽量保证系统内存容量在 1GB 以上，其他工具如下所示：

- Linux 系统，Mac OS 系统，Windows 95/98/2000/XP、Windows 7/8/10 系统。
- Java JDK 7. 8……。
- Notepad 编辑器或者其他编辑器。
- IDE: Eclipse。

2.2.3　Java 开发环境配置

1. 下载 JDK

首先需要下载 Java 的开发工具包 JDK。

下载地址为 http://www.oracle.com/technetwork/java/javase/downloads/index.html，如图 2-5 所示，然后点击图中箭头所指的下载按钮。

图 2-5　JDK 下载页面

在下载页面中需要选择接受许可，并根据自己的系统选择对应的版本，此处以 Windows x64位系统为例，如图 2-6 所示。

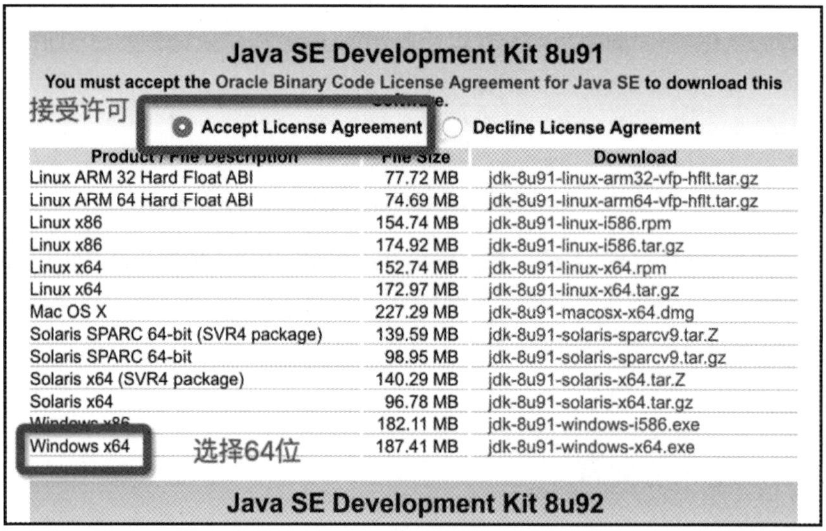

图 2-6　JDK 版本选择

下载后，按照提示安装 JDK，同时也会安装 JRE。

在安装 JDK 的过程中可以自定义安装目录等信息，例如此处选择安装目录为 C:\Program Files（x86）\Java\jdk1.8.0_91。

2. 配置环境变量

安装完成后，右击"我的电脑"，单击"属性"，选择"高级系统设置"，选择"高级"选项卡，单击"环境变量"按钮，如图 2-7 所示。

图 2-7 配置环境变量（a）

单击"环境变量"按钮后就会出现如图 2-8 所示的界面。

图 2-8 配置环境变量（b）

在"系统变量"中设置三项属性，JAVA_HOME、PATH、CLASSPATH（字母大小写均可），若已存在则单击"编辑"按钮，不存在则单击"新建"按钮。

变量设置参数如下：

● JAVA_HOME

变量名：JAVA_HOME

变量值：C:\Program Files（x86）\Java\jdk1.8.0_91

　　// 要根据自己的实际路径进行设置

● CLASSPATH

变量名：CLASSPATH

变量值：.;%JAVA_HOME%\lib\dt.jar;%JAVA_HOME%\lib\tools.jar;

注意：记得前面有个".;"

● Path

变量名：Path

变量值：%JAVA_HOME%\bin;%JAVA_HOME%\jre\bin;

3. 测试 JDK 是否安装成功

● "开始"→"运行"或者按 Win+R 快捷键，输入"cmd"，弹出电脑 DOS 命令行界面。

● DOS 命令界面中键入命令：java –version 或 Java 或 Javac 等命令。

若出现如图 2-9 所示的信息，则表明 Java 环境变量设置成功。

```
C:\Users\admin>java -version
java version "1.8.0_91"
Java(TM) SE Runtime Environment (build 1.8.0_91-b14)
Java HotSpot(TM) 64-Bit Server VM (build 25.91-b14, mixed mode)
```

图 2-9　Java 环境变量设置成功的界面

2.3 SQL 语言基础介绍

2.3.1 数据库基础

1. 数据库

数据库是一个以某种有组织的方式存储的数据集合。最简单的解释就是将数据库想象为一个文件柜，该文件柜是一个存放数据的物理位置，不管数据是什么，也不管数据是如何组织的，而数据库（DataBase）是保存有组织的数据的容器（通常是一个文件或一组文件）。

事实上，数据库这个术语通常代表使用的数据库软件，这是不正确的，也因此产生了许多混淆。确切地说，数据库软件应该称为数据库管理系统，英文全称"Database Management System"（简称 DBMS）。数据库是通过 DBMS 创建和操纵的容器，而它究竟是什么？形式如何？各种数据库都不一样。

2. 表

当你往文件柜里存放资料时，并不是将这些资料随便扔在某个抽屉就行了，而是要在文件柜中创建文件，然后将相关资料放入相关的文件中。在数据库领域，这种文件被称为表。表（Table）是一种结构化的文件，能够用来存储某种特定类型的数据，它是某种特定类型数据的结构化清单。

数据库中的每张表都有一个名字来标识自己,而这个名字也是唯一的,让表名成为唯一的,实际上是数据库名和表名等的组合。有的数据库还使用数据库拥有者的名字作为唯一名的一部分,也就是说,在相同数据库中不能使用相同的表名,但在不同的数据库中完全可以使用相同的表名。

3. 列

表是由列组成的,列存储表中某部分的信息。列(Column)是表中的一个字段。所有表都是由一个或多个列组成的,即表是由一个或多个字段组成的。理解列的最好办法是将数据库的表想象为一个网格,形同一个电子表格一样。网格中的每一列都存储着某种特定的信息。比如,在车主基本信息表中,一列存储车架号,另一列存储车主姓名,而身份证号、车牌号、电话、地址等全都存储在各自的列中。

4. 数据类型

数据库中的每个列都有相应的数据类型(Data Type)。从另外一个角度说,数据类型定义了表中的每个列可以存储哪些数据种类。

数据类型及其命名是造成 SQL 不兼容的主要两种原因。虽然大多数基本数据类型在不同 DBMS 中得到了的支持是一致的,但许多高级的数据类型却没有得到一致的支持。更糟的是,偶然会有相同的数据类型在不同的 DBMS 中具有不同的名称。对此用户毫无办法,只能在创建表结构时记住这些差异。

5. 行

表中的数据是按行存储的,所保存的每条记录存储在自己的行内。如果将表想象为网格,网格中垂直的列为表列,水平行为表行。

行(Row)指表中的一条记录。有时,可能听到用户在提到行时称其为数据库记录 Record)。这两个术语大多数情况下是可以交替使用的,但从技术上说,行才是正确的术语。

6. 主键

表中每一行都应该有一列(或几列)可以唯一标识自己。主键是用来表示一个特定的行。没有主键,更新或删除表中特定行就极为困难,因为在这种情况下无法保证操作只涉及相关的行。

主键(Primary Key)一列(或一组列),其值能够唯一标识表中每一行。

表中任何列只要满足以下条件,均可以作为主键:

● 任意两行都不具有相同的主键值。
● 每一行都必须具有一个主键值(主键值不允许为 NULL 值)。
● 主键列中的值不允许修改或更新。
● 主键值不能重用(如果某行从表中删除,它的主键就不能赋给以后的新行)。

2.3.2 SQL 简介

1. 什么是 SQL

SQL 是用于访问和处理数据库的标准计算机语言。它是一种结构化查询语言，其全称是 Structured Query Language，用于访问和处理数据库。它是一种 ANSI（American National Standards Institute，美国国家标准化组织）标准的计算机语言。

2. SQL 的优点

SQL 不是某个特定数据库供应商专有的语言。几乎所有重要的 DBMS 都支持 SQL，所以掌握这门语言，几乎就能与所有数据库打交道。SQL 简单易学，它的语句都是由具有很强描述性的英语单词组成，而且这些单词的数目不多。SQL 虽然看上去很简单，但实际上是一种强有力的语言，灵活使用它的语言元素，就可以进行非常复杂和高级的数据库操作。

3. SQL 能做什么

- SQL 可向数据库执行查询。
- SQL 可从数据库取回数据。
- SQL 可在数据库中插入最新的记录。
- SQL 可更新数据库中的数据。
- SQL 可从数据库删除记录。
- SQL 可创建新数据库。
- SQL 可在数据库中创建新表。
- SQL 可在数据库中创建存储过程。
- SQL 可在数据库中创建视图。
- SQL 可以设置表、存储过程和视图的权限。
- SQL 可以设置人员访问权限以及增删改等操作权限。
- SQL 可以创建索引。

4. SQL 的扩展

许多的 DBMS 厂商通过增加语句或指令，对 SQL 进行了扩展。这种扩展的目的，主要是提供执行特定操作的额外功能或简化方法。虽然这种扩展很有用，但一般都是针对个别 DBMS 的，很少有两个以上的供应商支持这种扩展。标准 SQL 由 ANSI 标准委员会管理，从而称为 ANSI SQL。所有主要的 DBMS，即使都有自己的扩展，也都支持 ANSI SQL。各个扩展的具体实现有自己的名称，如 PL/SQL、Transact-SQL 等。

2.3.3 SQL 语法

1. 数据库表

一个数据库通常包含一个或多个表。每个表由一个名字标识（例如：Websites），表包含带有数据的记录（行）。比如在 MySQL 的 RUNOOB 数据库中创建了 Websites 表，用于存储网站记录。可以通过以下命令查看 Websites 表的数据：

```
use test;  # 该命令用于选择数据库
SELECT * FROM Websites;  # 该命令用于读取数据表的信息
```

下面的图中包含五条记录（每一条对应一个网站信息）和 5 个列（id、name、url、alexa 和 country）。运行结果如图 2-10 所示。

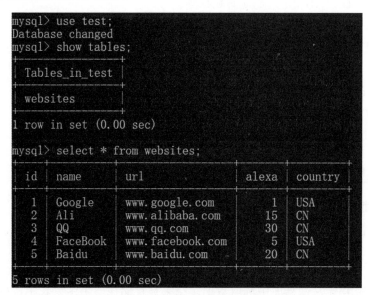

图 2-10　MySQL 查看数据

2. SQL 语句

需要在数据库上执行的大部分工作都由 SQL 语句完成。

下面的 SQL 语句从 Websites 表中选取所有记录：

```
SELECT * FROM Websites;
```

请记住：SQL 是不区分字母大小写的：SELECT 与 select 是相同的，但是 MySQL 数据库在 Linux 系统中是区分数据库名和表名的字母大小写的，因而可以强制配置 MySQL 的配置文件 my.cnf，设置 lower_case_table_names = 1 ，使 MySQL 对数据库名和表名的字母大小写不敏感。

SQL 语句后面的分号：

- 某些数据库系统要求在每条 SQL 语句的末端使用分号。
- 分号是在数据库系统中分隔每条 SQL 语句的标准方法，这样就可以在对服务器的相同请求中执行一条以上的 SQL 语句。
- 在本课程中，我们将在每条 SQL 语句的末端使用分号。

3. 常用 SQL 命令

- SELECT: 从数据库中提取数据。
- UPDATE: 更新数据库中的数据。
- DELETE: 从数据库中删除数据。
- INSERT INTO: 向数据库中插入新数据。
- CREATE DATABASE: 创建新数据库。
- ALTER DATABASE: 修改数据库。
- CREATE TABLE: 创建新表。
- ALTER TABLE: 变更（改变）数据库表。
- DROP TABLE: 删除表。
- CREATE INDEX: 创建索引（搜索键）。
- DROP INDEX: 删除索引。

2.3.4 SQL 基础语法

1. SQL 基础语法

在本节内容中，我们将使用 Websites 表的数据进行演示。

2. SELECT 语句

SELECT 语句用于从数据库中选取数据。结果被存储在一个结果表中，称为结果集。

语法：

```
SELECT column_name1, column_name2 FROM table_name;
SELECT * FROM table_name;
```

示例：

```
SELECT name, country FROM Websites;
```

上面的 SQL 语句表示从"Websites"表中选取"name"和"country"两列（或两个字段）。

3. SELECT DISTINCT 语句

在数据库的表中，一个列可能会包含多个重复值，有时也许希望仅仅列出不同（distinct）的值。而 DISTINCT 关键词可以用于返回唯一不同的值。

语法：

```
Select distinct column_name1, column_name2 from table_name;
```

示例：

```
SELECT DISTINCT country FROM Websites;
```

上面的 SQL 语句仅从 Websites 表的 country 列中选取唯一不同的值，也就是去掉 country 列中的重复值。

4. WHERE 子句

WHERE 子句用于提取那些满足指定标准的记录。

语法：

```
SELECT  column_name1,  column_name2  FROM  table_name  WHERE  column_name
operator value;
```

示例：

```
SELECT  *  FROM  Websites  WHERE  country='CN';
```

上面的 SQL 语句从 Websites 表中选取国家为 "CN" 的所有网站。

5. AND 和 OR 运算符

AND 运算符，若第一个条件和第二个条件都成立，满足条件的记录则被提取出来。

OR 运算符，若第一个条件和第二个条件中只要有一个成立，满足条件的记录被提取出来。

（1）AND 运算符号

示例：

```
SELECT * FROM Websites WHERE country='CN' AND alexa > 50;
```

上面的 SQL 语句从 Websites 表中选取国家为 "USA" 或者 "CN" 的所网站。

（2）OR 运算符号

示例：

```
SELECT * FROM Websites WHERE country='USA' OR country='CN';
```

上面的 SQL 语句从 "Websites" 表中选取国家为 "USA" 或者 "CN" 的所有网站。

6. ORDER BY 关键字

ORDER BY 关键字用于对结果集按照一个列或者多个列进行排序。

ORDER BY 关键字默认按照升序对记录进行排序。如果需要按照降序对记录进行排序，可以使用 DESC 关键字。

示例：

```
SELECT * FROM Websites ORDER BY alexa DESC;
```

上面的 SQL 语句从 Websites 表中选取所有网站，并按照 alexa 列降序排序。

● order by A, B：默认按升序排列。

- order by A desc, B：A 降序，B 升序排列。
- order by A, B desc：A 升序，B 降序排列。

7. INSERT INTO 语句

INSERT INTO 语句用于向表中插入最新记录。

语法：

形式一，无须指定要插入数据的列名，只需提供被插入的值即可。

```
INSERT INTO table_name VALUES ( value1, value2, value3, …);
```

语法：

形式二，需要指定列名及被插入的值。

```
INSERT INTO table_name (column1, column2, column3, … ) VALUES ( value1,
value2, value3, …);
```

示例：

```
INSERT  INTO Websites (name, url, alexa, country)
VALUES ('百度','https://www.baidu.com/','4','CN');
```

假设我们要向 Websites 表中插入一个新行，可以使用上面的 SQL 语句。

2.4 实验一：在 Linux 中安装和使用 Java

2.4.1 本实验目标

- 该实验运用 Linux 的基本理论，练习操作 Linux 基本的命令，包括 JDK 软件的安装和部署，动手实际操作 Java 的完整例子，包括代码编写、测试和实验，使得学生能够基本掌握 Java 的知识和技能。
- 学习该课程后，到企业里可从事的岗位有大数据运维工程师、大数据开发工程师等。

2.4.2 本实验知识点

- 了解 Linux 的常用命令。
- 掌握安装 JDK 的步骤和流程。
- 掌握 Linux 环境的配置。
- 动手实操 Java 第一个完整的例子。

2.4.3　项目实施过程

步骤 01　上传 JDK8 到 Linux 环境指定目录。

使用 FileZilla 工具，把 JDK8 的 tar 安装包上传到服务器，进入"文件"→"站点管理器"→"新站点"，输入对应的 IP 地址、用户名和密码，如图 2-11 所示。

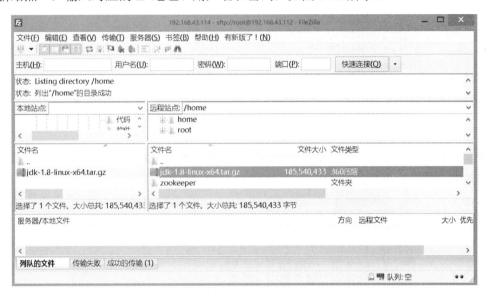

图 2-11　上传 JDK8 到 Linux 环境指定目录

步骤 02　解压文件到指定文件夹。

通过 CRT 工具，远程执行 SSH 进入 Linux 环境后，开始安装软件，运行下面的脚本：

```
#创建软件解压的目录
mkdir /home/JDK
#进入解压的目录
cd /home/JDK
#移动安装文件到指定目录
mv /home/jdk-1.8-linux-x64.tar.gz /home/JDK
#解压安装文件
tar -zxvf jdk-1.8-linux-x64.tar.gz
```

解压的结果如图 2-12 所示。

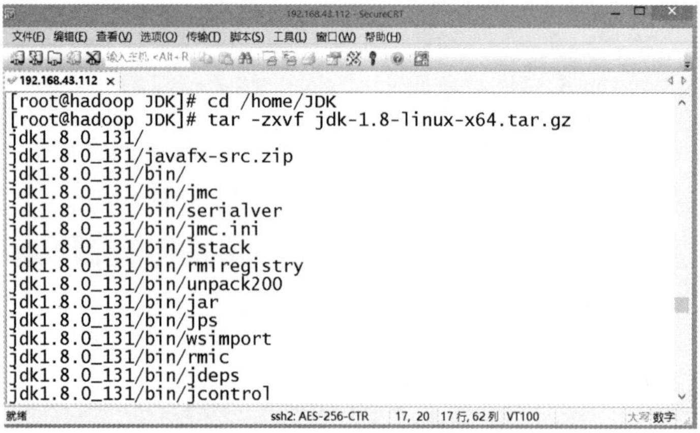

图 2-12　解压文件到指定文件夹

解压完成之后，可以在当前目录下看到一个名字为"jdk1.8.0_131"的目录，里面存放的是相关文件，如图 2-13 所示。

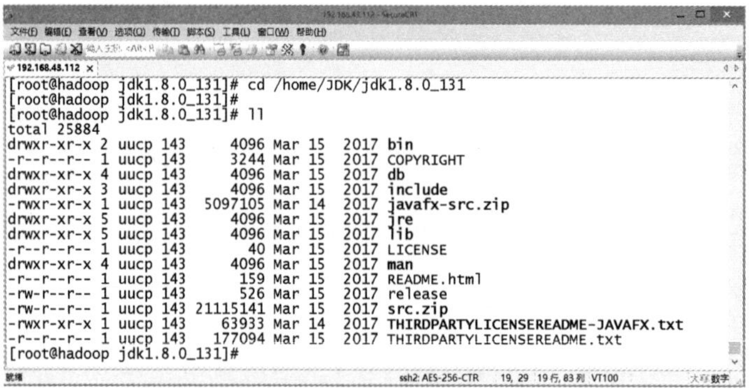

图 2-13　查看解压后的文件

步骤 03　**移动安装软件。**

将解压后的"jdk1.8.0_131"里面的所有数据移动到需要安装的文件夹中，将 JDK 安装在 usr/java 中，在/usr 目录下新建一个 Java 文件夹。运行下面的脚本：

```
#创建 jdk 实际安装的目录
mkdir /usr/java
```

将"jdk1.8.0_131"里的数据复制至 Java 目录下：

```
#移动文件到实际的安装目录中
mv /home/JDK/jdk1.8.0_131 /usr/java
```

移动的文件如图 2-14 所示。

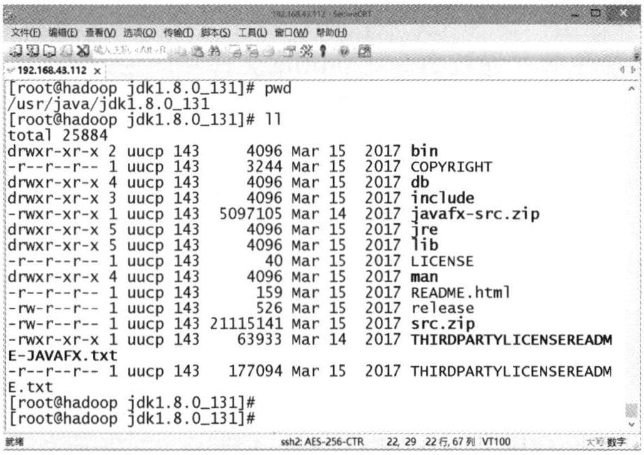

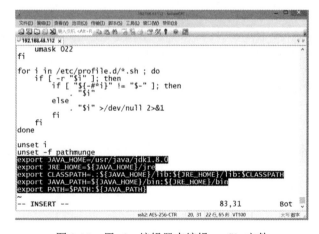

图 2-14　移动文件到实际的安装目录中

步骤 04　修改环境变量。

至此，需要修改环境变量，执行下面的命令：

```
#修改环境变量
vim /etc/profile
```

用 vim 编辑器来编辑 profile 文件，在文件末尾添加一些内容，按 "i" 进入编辑的页面，脚本如下：

```
#文件profile的内容
export JAVA_HOME=/usr/Java/jdk1.8.0
export JRE_HOME=${JAVA_HOME}/jre
export CLASSPATH=.:${JAVA_HOME}/lib:${JRE_HOME}/lib:$CLASSPATH
export JAVA_PATH=${JAVA_HOME}/bin:${JRE_HOME}/bin
export PATH=$PATH:${JAVA_PATH}
```

运行结果如图 2-15 所示。

图 2-15　用 vim 编辑器来编辑 profile 文件

然后按:wq，保存并退出，保存完之后，还需要让这个环境变量配置信息里面生效，否则只能重新启动计算机才能生效。通过命令让 profile 文件立即生效。

脚本如下：

```
#使得 profile 文件的内容立即生效
    source /etc/profile
#验证环境变量是否正确
    echo $JAVA_HOME
```

步骤 05   测试安装是否成功。

运行 Java 命令，若不会出现 command not found 错误，则表示安装成功。

运行 Java -version，出现版本为 java version "1.8.0"。

运行 echo $PATH，看看刚设置的环境变量配置是否都正确，脚本如下：

```
#验证 Java 的命令是否正确
java
#验证 Java 的版本是否有效
java -version
#验证 Linux 环境变量是否设置成功
echo $JAVA_HOME
echo $PATH
```

结果如图 2-16 所示。

图 2-16   测试安装是否成功

步骤 06   Java 的第 1 个例子。

（1）打开 Idea 开发工具，新建一个工程，如图 2-17 所示。

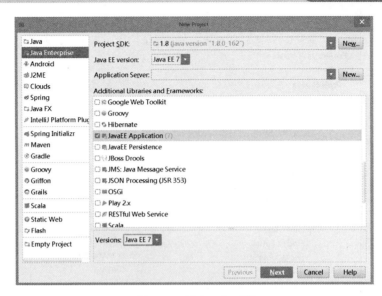

图 2-17　新建 1 个工程

（2）给这个工程定义名称，如图 2-18 所示。

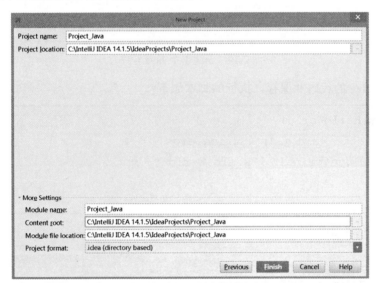

图 2-18　给这个工程定义名称

（3）利用右键快捷菜单新建 1 个 Java 程序，名称定义为"HelloWorld"，如图 2-19 所示。

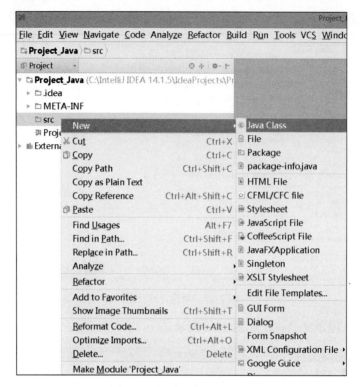

图 2-19　新建 1 个 Java 程序

（4）编写 Java 的代码并保存，执行的脚本如下：

```
public class HelloWorld{
    public static void main (String args[]) {
        System.out.println ("Hello World!");
    }
}
```

结果如图 2-20 所示。

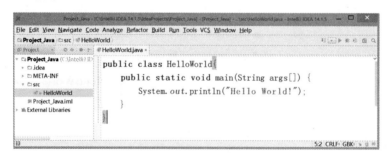

图 2-20　编写 Java 代码

（5）运行 Java 代码，结果如图 2-21 所示。

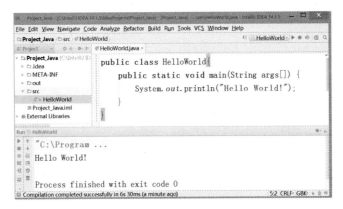

图 2-21　运行 Java 代码

2.4.4　常见问题

问题 1：不能执行二进制文件

错误信息：

bash: ./Java: cannot execute binary file 出现这个错误。

原因分析：

可能是在 32 位的操作系统上安装了 64 位的 JDK，查看 JDK 版本和 Linux 版本位数是否一致。

解决办法：

查看你安装的 Ubuntu Linux 是 32 位还是 64 位系统。

sudo uname –m

i686 //表示是 32 位；x86_64 // 表示是 64 位。

问题 2：Idea 开发工具不能创建 class 文件

错误信息：

```
Unable to parse template "Class"
Error message: This template did not produce a Java class or an interfa
ce
```

解决办法：

在 File→Settings→Editor→File and Code Templates 目录中，加入如下代码：

```
#if           (          ${PACKAGE_NAME} && ${PACKAGE_NAME} != ""          )
package ${PACKAGE_NAME};#end
#parse("File Header.Java")
public class ${NAME} {
}
```

结果如图 2-22 所示。

图 2-22　Idea 开发工具不能创建 class 文件

2.5　实验二：在 Linux 中安装和使用 MySQL

2.5.1　本实验目标

● 该实验运用数据库的基本理论，练习操作 Linux 基本的命令，动手操作包括 MySQL 软件的安装、部署和联调测试，动手操作 MySQL 大部分的脚本和命令，使得学生能够基本掌握数据库的知识和技能。

● 学习该课程后，到企业里可以从事的岗位有数据库运维工程师、数据仓库工程师、大数据开发工程师等。

2.5.2　本实验知识点

● 了解数据库的基础知识。

● 掌握安装 MySQL 的步骤和流程（以 MySQL 5.6 版本为例）。

● 掌握 MySQL 的配置功能。

- 动手实操 MySQL 的 DDL 语言。
- 实现几个创建用户的重要例子。

2.5.3　项目实施过程

步骤01　使用 FTP 工具上传文件。

使用 FileZilla 工具，把 MySQL 的 rpm 安装包全部上传到服务器，进入"文件"→"站点管理器"→"新站点"，输入对应的 IP 地址、用户名和密码，如图 2-23 所示。

图 2-23　站点管理器

把对应的软件上传到指定的目录中，如图 2-24 所示。

图 2-24　把对应的软件上传到指定的目录中

步骤02　进入到远程环境。

使用 CRT 工具，输入 IP 地址、用户名和密码，就可以到 Linux 操作系统的环境，结果如

图 2-25 所示。

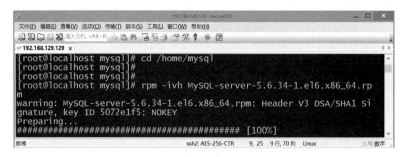

图 2-25　CRT 工具

步骤 03　安装 MySQL 软件。

进入 Linux 环境后，开始安装软件，运行下面的脚本：

```
#进入软件的目录
cd /home/mysql
#执行安装服务端的脚本
rpm -ivh MySQL-server-5.6.34-1.el6.x86_64.rpm
#执行安装客户端的脚本
rpm -ivh MySQL-client-5.6.34-1.el6.x86_64.rpm
```

安装的结果如图 2-26 所示。

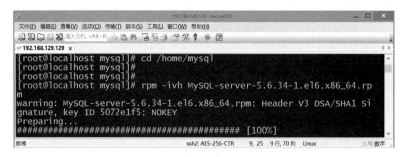

图 2-26　安装 MySQL 软件

步骤 04　启动并登录 MySQL 数据库。

没有启动 MySQL 数据库前，会报以下错误：

```
#连接 MySQL 报的错误
[root@localhost mysql]# mysql
ERROR 2002 （HY000）：Can't connect to localMySQL server through socket
'/var/lib/mysql/mysql.sock' （2）
```

输入下面的命令，再输入密码"mysql"后回车（如果找不到登录密码，可以查看.mysql_secret 文件，该文件记录着 MySQL 的初始化密码，执行"cat /root/.mysql_secret"），即可进入数据库，脚本如下：

连接 MySQL：

```
#启动MySQL
/etc/init.d/mysql start
#登录到MySQL数据库
$mysql -u root -p
```

登录成功后的界面如图 2-27 所示。

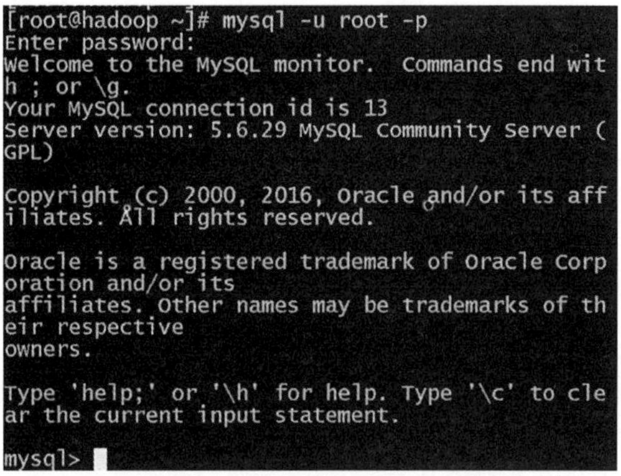

```
[root@hadoop ~]# mysql -u root -p
Enter password:
Welcome to the MySQL monitor.  Commands end wit
h ; or \g.
Your MySQL connection id is 13
Server version: 5.6.29 MySQL Community Server (
GPL)

Copyright (c) 2000, 2016, Oracle and/or its aff
iliates. All rights reserved.

Oracle is a registered trademark of Oracle Corp
oration and/or its
affiliates. Other names may be trademarks of th
eir respective
owners.

Type 'help;' or '\h' for help. Type '\c' to cle
ar the current input statement.

mysql>
```

图 2-27　启动并登录 MySQL 数据库

步骤 05　设置 MySQL 远程连接。

需要远程访问 MySQL，则必须执行下面的步骤：

```
#查看MySQL的用户
mysql>select host,user,password from mysql.user where user='root';
#设置允许以地址访问
mysql>update mysql.user set host = '%' where user='root';
mysql>FLUSH PRIVILEGES;
```

设置启动 3306 端口，要启用 3306 端口有两种方式：一是让防火墙开放 3306 端口；二是关闭防火墙。推荐采用启用 3306 端口的方式：

```
#方法1:
iptables -I INPUT -i eth0 -p tcp --dport 3306 -j ACCEPT
iptables -I OUTPUT -o eth0 -p tcp --sport 3306 -j ACCEPT
对应阻止3306端口的命令为:
iptables -I INPUT -i eth0 -p tcp --dport 3306 -j DROP
iptables -I OUTPUT -o eth0 -p tcp --sport 3306 -j DROP
#然后保存
/etc/rc.d/init.d/iptables save
```

```
#方法2:
#修改/etc/sysconfig/iptables 文件，增加如下一行:
-A RH-Firewall-1-INPUT -m state --state NEW -m tcp -p tcp --dport 3306 -j
ACCEPT
#然后重新启动防火墙:
#service iptables restart
```

关闭防火墙：

```
#方法1:
#对应的关闭防火墙的命令，重新启动后生效。
chkconfig iptables off


#方法2:
#即时生效，但重新启动后防火墙会再次启动。
service iptables stop
```

经过这几步的设置之后，就可以在远程连接 MySQL。

步骤 06 设置 MySQL 不区分字母大小写。

Linux 下的 MySQL 安装完之后，默认是区分表名的字母大小写的，而不区分列名的字母大小写。

改变表名的字母大小写区分规则的方法是：用 root 账号登录，在 /etc/my.cnf 或 /etc/mysql/my.cnf 中的[mysqld]后添加 lower_case_table_names=1，重新启动 MySQL 服务，若设置成功，则不再区分表名的字母大小写。

注　意
如果在/etc 或/etc/mysql 目录中找不到 my.cnf，就需要从其他地方复制过来，因为使用 rpm 安装 MySQL 时，需要手工复制 my.cnf。

具体操作：

在/usr/share/mysql/目录中找到*.cnf 文件，复制其中一个到/etc/中并更名为 my.cnf。

命令如下：

```
#复制配置文件
cp /usr/share/mysql/my-medium.cnf /etc/my.cnf
```

my-small.cnf 是为了小型数据库而设计的。

my-medium.cnf 是为中等规模的数据库而设计的。

my-large.cnf 是为专用于一个 SQL 数据库的计算机而设计的。

my-huge.cnf 是为企业中的数据库而设计的。

复制完成后，进入到 etc 目录，执行 vi my.cnf 查看该文件：

```
#查看配置文件
vi /etc/my.cnf
```

按下“i”键进入编辑模式，找到[mysqld]后添加 lower_case_table_names=1，并且将 max_allowed_packet 改为 50M，修改后的结果如图 2-28 所示。

```
# The MySQL server
[mysqld]
port            = 3306
socket          = /var/lib/mysql/mysql.sock
skip-external-locking
lower_case_table_names = 1
log_bin_trust_function_creators = 1
character_set_server = utf8
init_connect = 'SET NAMES utf8'
key_buffer_size = 384M
max_allowed_packet = 50M
table_open_cache = 512
sort_buffer_size = 2M
read_buffer_size = 2M
read_rnd_buffer_size = 8M
myisam_sort_buffer_size = 64M
```

图 2-28　修改 max_allowed_packet 的值

添加后按【Esc】键，输入“:wq”保存并退出，如图 2-29 所示。

```
[root@localhost etc]# vi my.cnf
[root@localhost etc]#
```

图 2-29　退出 vim

最后重新启动 MySQL 服务即可，如图 2-30 所示。

```
[root@localhost etc]# service mysql restart
Shutting down MySQL.                                       [  OK  ]
Starting MySQL..                                           [  OK  ]
[root@localhost etc]#
```

图 2-30　重新启动 MySQL 服务

步骤 07　设置开机自启动。

设置重新启动计算机同时自动启动 MySQL 之前，先执行下面的脚本：

```
#查看 MySQL 开机自启动设置
chkconfig --list |grep mysql
Mysql  0:off 1:off 2:on 3:on  4:on 5:on 6:off
这里的数字分别代表 Linux 启动的不同模式，3 是命令行模式，5 是窗口模式
```

执行下面的命令，启动计算机后，MySQL 能自动启动服务：

```
#开机自启动命令
chkconfig mysql on
#再执行下面的脚本，确保是启动的状态
```

```
chkconfig --list |grep mysql
```

将 MySQL 添加到 chkconfig 里，执行下面的命令：

```
#启用开机自启动
chkconfig --add mysql
#再执行下面的脚本，确保是启动的状态
chkconfig --list |grep mysql
```

步骤 08 执行 MySQL 的 DDL 数据定义语言。

依次执行下面的脚本，熟悉 MySQL 的定义语句的代码：

```
#查看已经存在的数据库
mysql>show database;
#使用 MySQL 数据库
mysql>use mysql
#查看 MySQL 数据库中的表
mysql> show tables;
```

实际数据库案例的命令例子：

```
#创建数据库
mysql> create database demo;
mysql> create database test;
#使用数据库
mysql> use demo;
Database changed
#创建一张名为 t_demo 的表，做测试用
CREATE TABLE test.t_demo （ id int,name varchar （100） ）;
#创建一张名为 products 的表
CREATE TABLE demo.products （
product_no int,
product_name varchar （100）
）;
#查看 products 表结构
mysql> desc products;
#为 products 表新增一列字段，名为 price, numeric 数值类型
ALTER TABLE products ADD COLUMN price numeric;
#将 products 表的 product_no 字段定义为主键
ALTER TABLE products ADD CONSTRAINT pk_products PRIMARY KEY （product_no）;
#创建 price 字段的约束，要求其值必须大于 0
```

```
ALTER TABLE products ADD CONSTRAINT positive_price CHECK （price > 0） ；
```

我们使用 Navicat 作为客户端连接 MySQL，结果如图 2-31 所示。

图 2-31　创建数据库

查看创建表的最终结果。双击 test 库，再双击"表"，可看到之前创建的 products 数据表。右键选择"对象信息"，然后点开 DDL 页，可看到之前步骤定义的表，对比以确认操作是否都生效了，如图 2-32 所示。

图 2-32　查看 DDL 页

2.5.4 常见问题

问题 1：创建存储过程时报错

错误信息：

ERROR 1418 （HY000）：This function has none of DETERMINISTIC, NO SQL, or READS SQL DATA in its declaration and binary logging is enabled （you *might* want to use the less safe log_bin_trust_function_creators variable）

原因分析：

这是因为开启了 bin-log，这时必须确定我们的函数是否是：

● DETERMINISTIC：不确定的。

● NO SQL：没有 SQL 语句，当然也不会修改数据。

● READS SQL DATA：只是读取数据，当然也不会修改数据。

● MODIFIES SQL DATA：要修改数据。

● CONTAINS SQL：包含了 SQL 语句。

其中在 function 里面，只有 DETERMINISTIC、NO SQL 和 READS SQL DATA 被支持。如果开启了 bin-log，就必须为 function 指定一个参数。

解决方法：

在 my.cnf 配置文件中添加"log_bin_trust_function_creators = 1"，如图 2-33 所示。修改 my.cnf 配置文件，修改 mysql 5.5 为默认编码。

```
# The MySQL server
[mysqld]
port            = 3306
socket          = /var/lib/mysql/mysql.sock
skip-external-locking
lower_case_table_names = 1
log_bin_trust_function_creators = 1
character_set_server = utf8
init_connect = 'SET NAMES utf8'
key_buffer_size = 384M
max_allowed_packet = 1M
table_open_cache = 512
sort_buffer_size = 2M
read_buffer_size = 2M
read_rnd_buffer_size = 8M
myisam_sort_buffer_size = 64M
thread_cache_size = 8
query_cache_size = 32M
# Try number of CPU's*2 for thread_concurrency
thread_concurrency = 8
```

图 2-33　修改 my.cnf 配置文件

添加完成后重启 MySQL 服务即可。

问题 2：ERROR 1045 （28000）错误

错误信息：

登录 MySQL，输入密码的时候，出现下面的错误：

ERROR 1045 （28000）：Access denied for user 'root'@'localhost' （using password: NO）

解决办法：

```
# /etc/init.d/mysql stop
# mysqld_safe --user=mysql --skip-grant-tables --skip-networking &
# mysql -u root mysql
mysql> UPDATE user SET Password=PASSWORD('newpassword') where USER='root';
mysql> FLUSH PRIVILEGES;
mysql> quit
# /etc/init.d/mysql restart
# mysql -uroot -p
Enter password: <输入新设置的密码 newpassword>
mysql>
```

2.6　习题

一、选择题

1. Linux 系统中唯一、真实，既可以登录系统，也可以操作系统任何文件和命令，拥有最高权限的用户是（　　）。

  A. root 用户

  B. 虚拟用户

  C. 普通真实用户

  D. 以上都不是

2. 用户管理的一项重要内容是用户口令的管理，该口令的语法是（　　）。

  A. useradd 选项 用户名

  B. userdel 选项 用户名

  C. usermod 选项 用户名

  D. passwd 选项 用户名

3. 下列命令中用于切换到其他用户组的是（　　）。

  A. groupadd

  B. groupdel

C. groupmod

D. newgrp

4. 用于查看各命令的使用手册的命令是（　　）。

A. cp

B. man

C. ls

D. rm

5. 用于创建一个新目录的命令是（　　）。

A. cd

B. mkdir

C. pwd

D. rmdir

6. 在命令行界面下从系统中注销可用什么方法？（　　）

A. 输入"exit"命令或使用【Ctrl+D】组合键

B. quit

C. 输入"reboot"或"shutdown –h now"命令

D. 以上都可以

7. 使用自动补全功能时，输入命令名或文件名的前 1 个或几个字母后按什么键？（　　）

A. 【Ctrl】键

B. 【Tab】键

C. 【Alt】键

D. 【Esc】键

8. 普通用户登录的提示符是以下哪项？（　　）

A. @

B. #

C. $

D. ～

9. 假设超级用户 root 当前所在目录为：/usr/local，键入 cd 命令后，用户当前所在目录是以下哪项？（　　）

A. /home

B. /root

C. /home/root

D. /usr/local

10. pwd 命令的功能是什么？（　　）

A. 设置用户的口令

B. 显示用户的口令

C. 显示当前目录的绝对路径

D. 查看当前目录的文件

11. 用户键入"cd..."命令并按【Enter】键后，将有什么结果？（　　）

A. 当前目录切换到根目录

B. 切换到当前目录

C. 当前目录切换到用户主目录

D. 切换到上一级目录

12. 1s 命令中显示所有文件和子目录（含"."开头的隐藏文件和子目录）的参数是（　　）。

A. -a

B. -d

C. -R

D. -t

13. 如果用户想详细了解某一个命令的功能和用法，可以使用哪个命令？（　　）

A. ls

B. help

C. man

D. /?

14. vi 编辑器中，当编辑完文件，要保存文件退出 vi 返回到 shell，应用哪一条命令？（　　）

A. exit

B. wq

C. q!

D. 以上都不对

15. 已知某用户 stud1，其用户目录为/home/stud1。如果当前目录为/home，进入目录 /home/stud1/test 的命令是以下哪项？（　　）

A. cd test

B. cd /stud1/test

C. cd stud1/test

D. cd home

二、判断题

1. 基本上 vi/vim 共分为三种模式，分别是命令模式、输入模式（Insert mode）和底线命令模式。（　　）

2. Linux 系统中启动 vim，进入了命令模式，按下 x，切换到输入模式。（　　）

3. 在 vim 的底线命令模式中，w 用于保存文件。（　　）

4. Linux 系统中，命令 pwd 用于显示目前的目录。（　　）

5. Linux 系统中，mv 命令只能用于移动文件而不能用于修改文件名称。（　　）

三、填空题

1. _____命令用于删除用户 dataxiong 在系统文件中（主要是/etc/passwd、/etc/shadow、/etc/group 等）的记录，同时删除用户的主目录。

2. 假设 Linux 系统中当前用户是 dataxiong，则_____命令修改该用户自己的口令。

3. _____命令用于向 Linux 系统中增加了一个新组 group1。

4. _____命令用于从 Linux 系统中删除组 group1。

5. _____命令表示将目录 test1 的名称更名为 test2。

第 3 章
◀ 大数据采集 ▶

本章学习目标

- 了解常见的采集工具和厂商。
- 熟悉八爪鱼采集器的功能。
- 熟悉爬山虎采集器的功能。
- 熟悉流数据采集工具 Flume 的功能。
- 动手操作数据传输工具 Sqoop 的命令。

本章先向读者介绍大数据采集技术，再介绍目前常见的数据采集工具和厂商，最后再简要介绍八爪鱼、爬山虎、Flume、Sqoop 等采集工具。

3.1 大数据采集技术介绍

大数据的采集是指利用多个数据库来接收来自客户端（Web、App 或者传感器形式等）的数据，并且用户可以通过这些数据库来进行简单的数据查询和处理工作。比如，电商会使用传统的关系型数据库 MySQL 和 Oracle 等来存储每一笔事务数据。在大数据的采集过程中，其主要特点和挑战是高并发数，因为有可能同时会有成千上万的用户同时进行访问和操作，比如火车票售票网站 12306 和电商购物网站淘宝，它们并发的访问量在峰值时达到上百万次，所以需要在采集端部署大量数据库才能支撑。如何在这些数据库之间进行负载均衡和分片的确是需要深入的思考和详细设计。大数据采集在整个大数据平台的位置如图 3-1 所示。

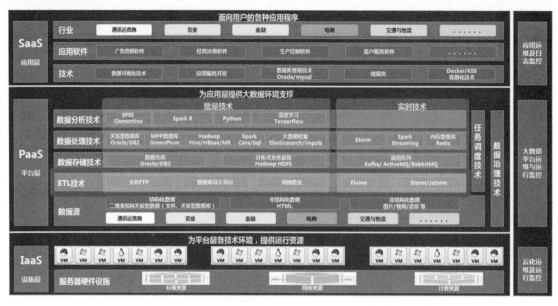

图 3-1　大数据采集在整个大数据平台的位置

3.2　常见采集工具和厂商

3.2.1　搜索引擎查看

1. 百度

用百度搜索"爬虫"或"采集器"等关键词，搜索结果如图 3-2 所示。

图 3-2　百度搜索结果

2. 必应

用必应搜索"爬虫"或"采集器"等关键词，搜索结果如图3-3所示。

图 3-3　必应搜索结果

3. 搜狗

用搜狗搜索"爬虫"或"采集器"等关键词，搜索结果如图3-4所示。

图 3-4　搜狗搜索结果

3.2.2　工具分类

1. 八爪鱼

八爪鱼是一款可视化免编程的网页采集软件，可以从不同网站中快速提取规范化的数据，帮助用户实现数据的自动化采集、编辑以及规范化，降低工作成本。云采集是它的一大特色，相比其他采集软件，云采集能够做到更加精准、高效和大规模。可视化操作，无须编写代码即可制作规则采集，适用于零编程基础的用户，新版本 7.0 智能化，内置智能算法和既定采集规则，用户设置相应参数就能实现网站，云采集是其主要功能，支持关机采集，并实现自动定时采集。

2. 爬山虎采集器

爬山虎采集器能够采集互联网上的绝大部分网页，比如动态网页、静态网页、单页程序、表格数据、列表数据、文章数据、搜索引擎结果、下载图片，等等。爬山虎操作不是很复杂，但是功能设置比较简单，但是不能支持复杂一些的网站。

3. 火车头

火车头是国内出现比较早的网络爬虫工具，可以抓取网页上散乱分布的数据信息，并通过一系列的分析处理，准确挖掘出所需数据。当然，它也可以抓取网页上的文字。火车头工具的操作门槛相对要高一些，比较适合懂技术，懂代码的人群使用。

4. 前嗅

前嗅是一款采集软件，支持动态调整、自动定时采集、模板在线更新等功能。前嗅的软件并不能说特别的简单，对有些网站的数据采集需要编写一小段脚本来执行，但确实采集数据非常全面，网上能看到的公开数据基本上都是可以采集下来的。

5. 熊猫采集器

熊猫采集器，操作非常简单，不需要专业基础，采集新手或者小白就能使用。它的功能特别强悍复杂，只要是浏览器能看到的内容，都可以用熊猫批量采集下来。如各种电话号码、邮箱、各种网站信息搬家、网络信息监控、网络舆情监测、股票资讯实时监控，等等。

6. 发源地

发源地（Finndy+）引擎是一款基于云端的，集数据采集、清洗、去重、加工于一体的互联网 Web/App 数据采集工具化引擎。发源地云采集引擎可以低成本、高效率地完成网页中文本、图片等资源信息的采集，并进行过滤加工，挖掘出所需的精准数据。让数据根据采集规则算法以结构化的文件包或 API 接口方式输出，同时可以选择发布到网站进行售卖，或者导出成 Excel、CSV、PDF 等格式的文件保存在本地。

7. 集搜客

集搜客（GooSeeker），是由深圳天据电子商务有限公司研发的一款大数据软件，由服务器和客户端两部分组成，服务器用来存储规则和线索（待抓网址），MS 谋数台用来制作网页抓取规则，DS 打数机用来采集网页数据。

3.3　八爪鱼采集器介绍

3.3.1　八爪鱼采集原理

1. 客户端程序

八爪鱼客户端采用的开发语言是 C#，运行在 Windows 系统中。如果你使用的是 Mac 电脑，可以先安装 Windows 虚拟机，然后再安装八爪鱼采集器。

八爪鱼客户端中，采集和导出数据主要经过以下 3 步：

● 配置任务。

● 配置完成后，选择采集方式，本地采集或云采集。

● 采集完成，导出数据。

对应地，八爪鱼有 3 大程序来完成这 3 大步骤：主程序负责任务配置及管理；任务的云采集控制云集成数据的管理（导出、清理、发布），本地采集程序根据工作流程，通过正则表达式与 Xpath 原理，负责快速采集网页数据；数据导出程序负责数据导出，导出格式支持 Excel、CSV、HTML、TXT 等，也能导出到数据库等，支持一次导出百万级别的数据。

2. 采集原理

八爪鱼采集器的核心原理是：基于 Firefox 内核浏览器，通过模拟人浏览网页的行为（如打开网页，点击网页中的某个按钮等操作），对网页内容进行全自动提取。这个工具的示例网址为：http://www.skieer.com/guide/demo/simplemovies2.html。

3.3.2　八爪鱼实现的功能

八爪鱼是一款通用的网页数据采集器，能够采集互联网上 98% 的网页。作为一款通用的网页数据采集器，它并不针对某一网站、某一行业的数据进行采集，而是网页上所能看到或网页源码中有的文本信息，几乎都能采集，所能采集的内容类型如图 3-5 所示。

图 3-5　八爪鱼所能采集的内容类型

本地采集和云采集这两种采集方式，用于满足不同数据采集的需求，采集信息的示例结果如图 3-6 所示。

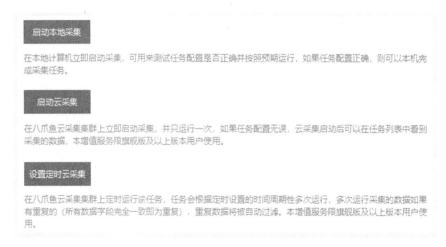

图 3-6　两种采集方式的示例结果

1. 本地采集

本地采集（单机采集），即通过使用自己的电脑来进行数据采集。可以实现绝大多数网页数据的爬取，可以在采集过程中对数据进行初步的清洗。若使用八爪鱼自带的正则工具，可利用正则表达式将数据格式化，在数据源头实现去除空格、筛选日期等多种操作。其次八爪鱼还提供分支判断功能，可对网页中信息进行是与否的逻辑判断，可满足用户筛选信息的需求。描述如图 3-7 所示。

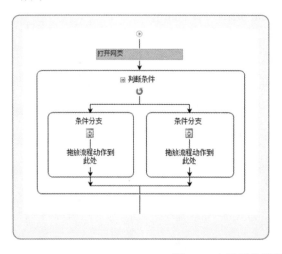

图 3-7　本地采集流程

2. 云采集

云采集是使用八爪鱼提供的云服务集群进行数据采集，不占用本地电脑资源。当规则配置好之后，启动云采集，可关掉自己的计算机，实现无人值守。

- 功能：定时采集，实时监控，数据自动去重并入库，增量采集，自动识别验证码，API 接口多元化导出数据。
- 速度：利用云端多节点并发运行，采集速度将远超于本地采集（单机采集）。
- 防封：具有多节点，多 IP，可避免网站对爬虫机 IP 地址的封锁，实现采集数据的最大化。

描述如图 3-8 所示。

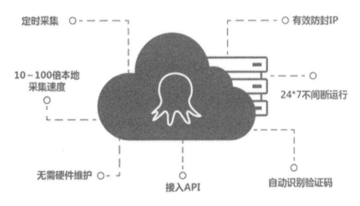

图 3-8　云采集功能

3.4　爬山虎采集器介绍

3.4.1　爬山虎介绍

爬山虎采集器是一款用于采集网页数据的工具软件，能够采集互联网上的大部分网站数据，并且将数据导出为各种格式的文件或者数据库，比如 CSV、Excel、MySQL、SQL Server、Sqlite、Access，甚至可以通过指定接口发布到你的网站。

3.4.2　产品特点和核心技术

- 简单易学，通过可视化界面、鼠标点击操作即可抓取数据。
- 快速高效，内置一套高速浏览器内核，加上 HTTP 引擎模式，实现快速采集数据。
- 适用于各种网站，能够采集互联网 99% 的网站，包括单页应用、Ajax 加载等动态类型网站。
- 导出数据类型丰富，可以将采集到的数据导出为 CSV、Excel 以及各种数据库，支持 API 导出。
- 自动识别列表数据，通过智能算法，一键提取数据。
- 自动识别分页技术，通过算法智能识别、采集分页数据。
- 混合浏览器引擎和 HTTP 引擎，兼顾了易用性和效率。

3.4.3 软件界面

爬山虎采集器的主界面，如图 3-9 所示。任务编辑器界面，如图 3-10 所示。

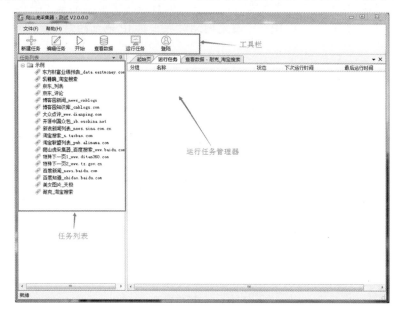

图 3-9 爬山虎采集器的主界面

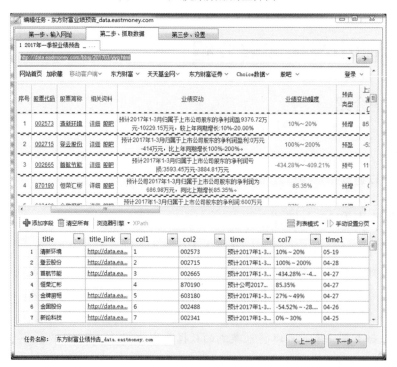

图 3-10 任务编辑器的界面

任务数据管理器的界面，如图 3-11 所示。

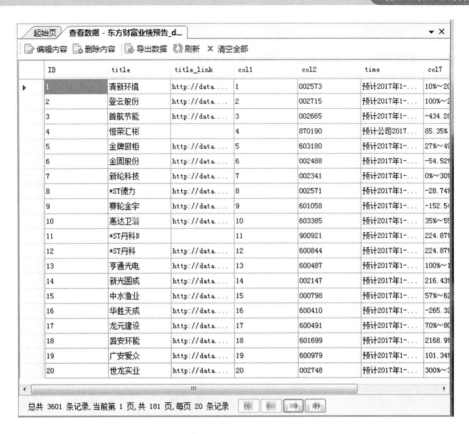

图 3-11　任务数据管理器的界面

数据导出工具的界面，如图 3-12 所示。

图 3-12　数据导出工具的界面

3.5 流数据采集工具 Flume

3.5.1 Flume 背景

1. Flume 是什么

- 由 Cloudera 公司开源。
- 分布式、可靠、高可用的海量日志采集、聚合和传输的日志收集系统。
- 数据源可定制、可扩展。
- 数据存储系统可定制、可扩展。
- 中间件,屏蔽了数据源和数据存储系统的异构性。

2. Flume 特点

- 可靠性: 保证数据不丢失。
- 可扩展性: 各组件数目可扩展。
- 高性能: 高吞吐量、能满足海量数据收集的需求。
- 可管理性: 可动态增加、删除组件。
- 文档丰富、社区活跃: Hadoop 生态系统应用广泛。

3. Flume 的 OG 和 NG 两个版本

- Flume OG 版本: OG 指 "Original Generation" 原生代。0.9.x 或 cdh3 以及更早版本。由 Agent 代理、Collector 收集器、Master 主节点等组件构成。
- Flume NG 版本: NG 指 "Next/New Generation" 下一代。1.x 或 cdh4 以及之后的版本。由 Agent、Client 等组件构成。
- NG 的主要优势: 简化配置、简化部署(取消了 Master 节点),程序重构。

3.5.2 Flume NG 基本架构

1. Flume NG 基本流程

步骤 01 外部数据源(Web Server)将 Flume 可识别的 Event 发送到 Source。

步骤 02 Source 源收到 Event 事件后存储到一个或多个 Channel 通道中。

步骤 03 Channel 保留 Event 直到 Sink 水槽将其处理完毕。

步骤 04 Sink 从 Channel 中取出数据,并将其传输至外部存储(HDFS)。

流程图如图 3-13 所示。

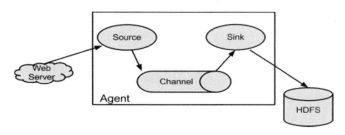

图 3-13　Flume NG 基本流程图

2. Flume 中核心组件

Flume 中核心组件，如表 3-1 所示。

表 3-1　Flume 的核心组件

组件	功能介绍
Event	Flume 处理数据元，可能是一条日志、一个 Avro 对象等，通常约 4KB 大小
Agent	Flume 运行实体，每台机器一份，可能包括多个 Source 或者 Sink
Client	产生 Event，在单独线程中运行
Source	接收 Event，并送入 Channel，在单独线程中运行并监控
Channel	连接 Source 与 Sink，功能类似队列，有可靠性实现
Sink	从 Channel 接收 Event，可能进行下一步转发，在单独线程中运行并监控

3. Event 概念定义

Event（事件）是 Flume 数据传输的基本单元。Flume 以事件的形式将数据从源头传送到最终的目的。Event 由可选的 header 和载有数据的 byte array 构成。

● 载有数据的 byte array 对 Flume 是不透明的。

● header 是容纳了 key-value 字符串对的无序集合，key 在集合内是唯一的。

● header 可以在上下文路由中使用扩展。

4. Client 概念定义

Client 是一个将原始 log 包装成事件并把它们发送到一个或多个 agent 的实体。目的是从数据源系统中解耦 Flume，它在 Flume 的拓扑结构中不是必需的。

Client 实例：

● Flume log4j Appender。

● 可以使用 Client SDK（org.apache.flume.api）定制特定的 Client。

5. Agent 概念定义

一个 Agent 包含 Source、Channel、Sink 和其他组件，它利用这些组件将事件从一个节点传输到另一个节点或最终目的地，Agent 是 Flume 流的基础部分，Flume 为这些组件提供了配置、生命周期管理、监控支持。

（1）Agent 之 Source

Source 负责接收事件或通过特殊机制产生事件，并将事件批量地放到一个或多个 Channel。不同类型的 Source：

- 与系统集成的 Source：Syslog、Netcat。
- 自动生成事件的 Source：Exec。
- 用于 Agent 和 Agent 之间通信的 RPC Source：Avro、Thrift。

Source 必须至少和一个 Channel 关联。

（2）Agent 之 Sink

Sink 负责将事件传输到下一跳或最终目的，成功完成后将事件从 Channel 移除。不同类型的 Sink 有：

- 把事件存储到最终目的的终端 Sink，比如 HDFS、HBase。
- 自动消耗的 Sink，比如 Null Sink。
- 用于 Agent 间通信的 IPC Sink：Avro。

必须作用于一个确切的 Channel。

（3）其他几个组件

- Interceptor 拦截器：作用于 Source，按照预设的顺序在必要地方装饰和过滤事件。
- Channel Selector 通道选择器：允许 Source 基于预设的标准，从所有 Channel 中，选择一个或多个 Channel。
- Sink Processor 水槽处理器：多个 Sink 可以构成一个 Sink Group。Sink Processor 可以通过组中所有 Sink 实现负载均衡；也可以在一个 Sink 失败时转移到另一个。

3.5.3 Flume 案例分析

1. Flume 采集目录及文件到 HDFS 的案例

步骤 01 编写配置文件，配置文件 FlumeHDFS.conf。

```
#为该代理上的组件命名
a1.sources = r1
a1.sinks = k1
a1.channels = c1
# Describe/configure the source
a1.sources.r1.type = exec
a1.sources.r1.command = tail -F /root/logs/test.log
a1.sources.r1.channels = c1
# Describe the sink
a1.sinks.k1.type = hdfs
```

```
a1.sinks.k1.channel = c1
a1.sinks.k1.hdfs.path = /flume/tailout/%y-%m-%d/%H-%M/
a1.sinks.k1.hdfs.filePrefix = events-
a1.sinks.k1.hdfs.round = true
a1.sinks.k1.hdfs.roundValue = 10
a1.sinks.k1.hdfs.roundUnit = minute
a1.sinks.k1.hdfs.rollInterval = 3
a1.sinks.k1.hdfs.rollSize = 20
a1.sinks.k1.hdfs.rollCount = 5
a1.sinks.k1.hdfs.batchSize = 1
a1.sinks.k1.hdfs.useLocalTimeStamp = true
#生成的文件类型，默认是 Sequencefile，若用 DataStream，则为普通文本
a1.sinks.k1.hdfs.fileType = DataStream
# Use a channel which buffers events in memory
a1.channels.c1.type = memory
a1.channels.c1.capacity = 1000
a1.channels.c1.transactionCapacity = 100
# Bind the source and sink to the channel
a1.sources.r1.channels = c1
a1.sinks.k1.channel = c1
```

步骤 02　创建日志目录：

　　mkdir /root/logs

步骤 03　编写日志数据文件：

　　vi /root/logs/test.log

步骤 04　启动 Flume 脚本：

　　bin/flume-ng agent -c conf -f conf/tail-hdfs.conf -n a1

步骤 05　编写循环产生数据的脚本：

　　while true;do echo"date log">> /root/logs/test.log;sleep 0.5;done

　　备注：每隔 0.5 秒就会向 test.log 文件中插入数据。

步骤 06　最后查看结果，如图 3-14 所示。

```
INFO instrumentation.MonitoredCounterGroup: Component type: SOURCE, name: source1 started
INFO sink.LoggerSink: Event: { headers:{} body: 64 61 74 61 20 6C 6F 67                           data log }
INFO sink.LoggerSink: Event: { headers:{} body: 64 61 74 61 20 6C 6F 67                           data log }
INFO sink.LoggerSink: Event: { headers:{} body: 64 61 74 61 20 6C 6F 67                           data log }
INFO sink.LoggerSink: Event: { headers:{} body: 64 61 74 61 20 6C 6F 67                           data log }
INFO sink.LoggerSink: Event: { headers:{} body: 64 61 74 61 20 6C 6F 67                           data log }
INFO sink.LoggerSink: Event: { headers:{} body: 64 61 74 61 20 6C 6F 67                           data log }
INFO sink.LoggerSink: Event: { headers:{} body: 64 61 74 61 20 6C 6F 67                           data log }
INFO sink.LoggerSink: Event: { headers:{} body: 64 61 74 61 20 6C 6F 67                           data log }
INFO sink.LoggerSink: Event: { headers:{} body: 64 61 74 61 20 6C 6F 67                           data log }
```

图 3-14　查看结果

2. 日志集群的框架结构

日志集群由 3 个工具构成：

- Flume：负责日志收集。
- HDFS、HBase：负责日志存储。
- Hive：负责日志分析。

日志集群的框架结构如图 3-15 所示。

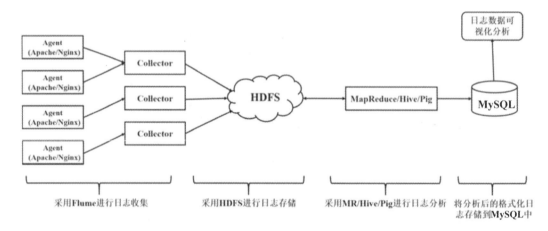

图 3-15　日志集群的框架结构

3. 小结

与其他流处理框架相比，Flume 具有以下特点：

- 丰富的默认实现功能，用户只需简单配置即可，无须编写 Java 代码。
- 优雅的框架结构，各个模块之间界限分明。用户可以按相关的接口，非常方便地自主实现相关数据源、Channel 选择算法等，即可获得满足用户特殊需求的功能。
- 支持负载均衡。
- Flume-OG 通过 ZooKeeper 能支持自动 FailOver。
- 几乎包含在所有 Hadoop 发行版本中，便于与 Hadoop 集成。

3.6　数据传输工具 Sqoop 介绍

3.6.1　Sqoop 工具介绍

Sqoop 是 Apache 顶级项目，主要用来在 Hadoop 和关系型数据库中传递数据。通过 Sqoop，可以方便地将数据从关系型数据库导入到 HDFS，或者将数据从 HDFS 导出到关系型数据库。Sqoop 主要通过 JDBC 和关系型数据库进行交互，理论上支持 JDBC 的数据库都可以使用 Sqoop。Sqoop 是 sql-to-hadoop 的缩写；它在传统数据库和 Hadoop 之间导入和导出数据，本质上是 MapReduce 程序，它充分利用了 MR 的并行化和容错性。

Sqoop 工具的架构图如图 3-16 所示。

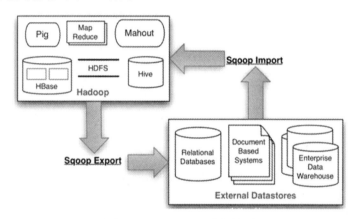

图 3-16　Sqoop 工具的架构图

1. Sqoop 工作原理：总体架构

Sqoop 架构非常简单，整合了 Hive、HBase 和 Oozie，通过 MapReduce 任务来传输数据，从而提供并发特性和容错。

Sqoop 可以通过命令行先创建一个任务名，并描述该任务的导入或者导出工作，然后执行即可。

其主要工作流程如下：

步骤 01　读取要导入数据的表结构，生成运行类，默认是 QueryResult，打成 jar 包，然后提交给 Hadoop。

步骤 02　设置好 MapReduce 的作业（Job），主要包括如下参数：

● InputFormatClass：设置输入格式。

● OutputFormatClass：设置输出格式，包括文本、SequenceFile 和 AvroDataFile 这 3 种格式。

● Mapper：设置执行 MapReduce 任务的 mapper 类。

● taskNumbers：设置执行 MapReduce 的并行任务数。

步骤 03 由 Hadoop 来执行 MapReduce 任务完成 Import 工作：

- 首先要对数据进行切分，记录划分范围并读取。
- 然后创建 RecordReader 从数据库中读取数据。
- 创建 Map，RecordReader 一行一行地从关系型数据库中读取数据，设置好 Map 的 Key 和 Value。
- 运行 Map。

现阶段，Sqoop 分为 Sqoop1 和 Sqoop2 两个版本，Sqoop1 总体架构如图 3-17 所示。

注　意
本书后文没有标注版本号时，默认都是指 Sqoop1 的版本。

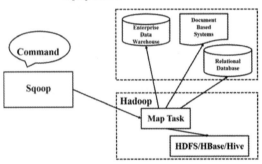

图 3-17　Sqoop1 总体架构

2. 数据导入 Import 特性

- 支持文本文件、Avro、SequenceFiles 格式，默认为文本。
- 支持数据追加，通过 append 指定。
- 支持表列选取（column），支持数据选取（where、join）。
- 支持 Map 任务数定制和数据压缩。
- 提供参数将关系型数据库中的数据导入到 HBase。导入 HBase 分两步：导入数据到 HDFS；调用 HBase put 操作逐行将数据写入表。

3. 数据导出 Export 特性

- 支持将数据导出到表（Table）或者调用存储过程（Call）。
- 支持 insert、update 模式。
- 支持并发控制。

3.6.2　Sqoop2 特性

1. Sqoop2 架构

Sqoop2 的架构如图 3-18 所示。

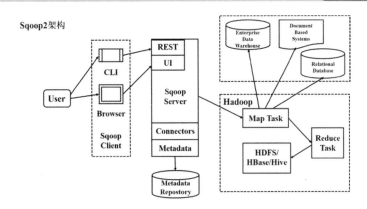

图 3-18　Sqoop2 总体架构

Sqoop1 和 Sqoop2 的对比，如表 3-2 所示。

表 3-2　Sqoop1 和 Sqoop2 的对比

比较	Sqoop1	Sqoop2
架构	仅仅使用一个 Sqoop 客户端	引入了 Sqoop Server 集中化管理 Connectors，以及 REST API、Web UI，并引入权限安全机制
部署	部署简单，安装需要 root 权限，Connectors 必须符合 JDBC 模型	架构稍复杂，配置部署更烦琐
使用	命令行方式容易出错，格式紧耦合，无法支持所有数据类型，安全机制不够完善	多种交互方式，命令行，Web UI，REST API，Connectors 集中化管理，所有的链接安装在 Sqoop Server 上，完善的权限管理机制，Connectors 规范化，仅仅负责数据的读写

2. Sqoop1 与传统 ETL 工具的比较

Sqoop1 与传统 ETL 工具的详细比较，如表 3-3 所示。

表 3-3　Sqoop 与传统 ETL 工具的比较

比较	Hadoop Sqoop	ETL 工具
名词解释	Sqoop 是一个用来将 Hadoop 和关系型数据库中的数据相互转移的开源工具，可以将一个关系型数据库（例如 MySQL、Oracle 等）中的数据导入到 Hadoop 的 HDFS 中，也可以将 HDFS 的数据导入到关系型数据库中	负责数据仓库的数据抽取、转换和加载。ETL 负责将分布的、异构数据源中的数据如关系数据、平面数据文件等抽取到临时中间层后进行清洗、转换、集成，最后加载到数据仓库或数据集市中，成为联机分析处理、数据挖掘的基础
数据抽取的特征	Sqoop 主要是通过 JDBC 和关系型数据库进行交互。理论上支持 JDBC 的数据库都可以使用 Sqoop 和 HDFS 进行数据交互。是为 Hadoop 的大数据体系提供数据的工具	ETL 工具经过多年的发展，已经形成了多个相对成熟的产品体系，其服务对象主要是传统的数据仓库系统，ETL 工具的典型代表有 informatica、Datastage、OWB、微软 DTS 等
与 Hadoop 体系的集成	Sqoop 工具属于 Hadoop 体系中的一个子项目，整合了 Hadoop 的 Hive 和 HBase 等，抽取的数据可以直接传输至 Hive 中，且无须做复杂的开发编程等工作	对于 Hadoop 体系来说，ETL 工具属于外部工具，如果需要将数据抽取至 Hadoop 的 Hive 中，则需要进行相应的技术开发工作，开发与 Hive 的相关接口，以打通与 Hive 的数据传输工作

（续表）

比较	Hadoop Sqoop	ETL 工具
数据抽取容错性	对于数据抽取过程中产生的错误或者数据遗漏，可以通过捕获错误日志来进行错误收集和分析；人机操作界面相比没有 ETL 工具的可操作性和可视性高，需要技术人员编程进而实现日志分析	对于传统的数据仓库来说，ETL 工具经过多年的发展已经比较成熟，人机交互的可操作性和可视性比较高，对于数据抽取过程中出现的错误可以比较直接地查看，不需要太多的编程开发
产品的价格	属于开源项目，不需要软件的许可费用，企业可以免费使用	企业需要每年交纳 ETL 产品相关的许可费用

3.6.3　Sqoop 案例

1. Sqoop 例子

Sqoop 的例子，如下所示：

```
#创建目录
#1. 列出 MySQL 数据库中的所有数据库
sqoop list-databases --connect jdbc:mysql://localhost:3306/ --username
dyh --password 000000
#2. 连接 MySQL 并列出数据库中的表
sqoop list-tables --connect jdbc:mysql://localhost:3306/test --username
dyh --password 000000
#3. 将关系型数据的表结构复制到 Hive 中
sqoop   create-hive-table   --connect   jdbc:mysql://localhost:3306/test
--table users --username dyh
--password 000000 --hive-table users  --fields-terminated-by "\0001"
--lines-terminated-by "\n";
参数说明：
--fields-terminated-by "\0001"  是设置每列之间的分隔符,"\0001"是 ASCII 码中的1,
它也是 hive 的默认行内分隔符，而 sqoop 的默认行内分隔符为","
--lines-terminated-by"\n"设置的是每行之间的分隔符，此处为换行符，也是默认的分隔符
#4. 将数据从关系型数据库导入文件到 Hive 表中
sqoop import --connect jdbc:mysql://localhost:3306/test --username dyh
--password 000000
--table users --hive-import --hive-table users -m 2 --fields-terminated-by
"\0001";
参数说明：
 -m 2 表示由两个 Map 作业执行
--fields-terminated-by "\0001"  需与创建 Hive 表时保持一致

#5. 将 Hive 中的表数据导入到 MySQL 数据库表中
sqoop export --connect jdbc:mysql://localhost:3306/test --username dyh
--password 000000
--table users --export-dir /user/hive/warehouse/users/part-m-00000
--input-fields-terminated-by '\0001'
```

注意：在进行导入之前，MySQL 中的表 userst 必须事先创建好

#6. 将数据从关系型数据库导入到 Hive 表中，--query 语句使用

```
 sqoop   import   --append   --connect   jdbc:mysql://localhost:3306/test
--username dyh --password 000000 --query "select id,age,name from userinfos
where \$CONDITIONS"  -m 1  --target-dir /user/hive/warehouse/userinfos2
--fields-terminated-by ",";
```

2. 增量备份

一般情况下，关系数据表存储在线上环境的备份环境，需要每天进行数据导入。如果数据表较大，通常不可能每次都进行全表的导入，而 Sqoop 提供了增量导入数据的机制。

控制增量导入主要由 3 个参数控制：

- --check-column （col）：表示当判断哪些行要被导入时需要检查的列。
- --incremental （mode）：表示 Sqoop 是如何判断哪些行是新的，mode 主要包括 append （增量）和 lastmodified（上次备份后修改过的）两个模式。
- --last-value （value）：表示上次导入之后 check-column（被检查列）的最大值（已排序的）。

还有一个问题，每天导入时 last-value 值都不一样，如何做到每天动态地读取新的 last-value 呢？这点 Sqoop 也想到了，Sqoop 支持把一条 Sqoop 命令变为一个作业（Job）的任务去查找最新的 last-value，然后自动地更换 last-value 的值。只要设置一个每天增量导出任务和一个定期的全表导出任务，用脚本定时执行两个任务即可完成数据库数据的转换工作。

3. Sqoop 性能总结

原生 Sqoop 导出到 HDFS 的速度为 2.8MB/s 左右；此外 Sqoop 还有很多第三方的插件，比如 Quest 开发的 OraOop 插件可用来提高导入导出速度。

测试环境如下：一台只有 700 MB 内存的、IO 低下的 Oracle 数据库、百兆的网络，使用 Quest 的 Sqoop 插件设置为 4 个并行度。从 Oracle 导出到 HDFS 速度达到了 5MB/s。Sqoop 最新的稳定版本为 1.4.4，发布于 2013 年 8 月。目前 Sqoop2 也更新到了 1.99.3，发布于 2013 年 11 月。但是 Sqoop v2 还不稳定，很多 Hadoop 系统还需要安装使用 Sqoop v1.4.4。

3.6.4　Sqoop 问题集

1. 问题 1

从 MySQL 导入到 Hive 出现数据带入错误：当字段中存在输入的 Tab 键，会被 Hive 识别并多创建一条字段。

解决办法：

在 Sqoop import 语句中添加 "--hive-drop-import-delims" 来把导入数据中包含的 Hive 默认的分隔符去掉。

2. 问题 2

出现 PRIMARY 主键错误：

com.mysql.jdbc.exceptions.jdbc4.MySQLIntegrityConstraintViolationException:Duplicate entry '1' for key 'PRIMARY'。

解决办法：

目标表中数据没有清除，清除后导入成功（表的主键）。

3. 问题 3

com.mysql.jdbc.MysqlDataTruncation: Data truncation: Data too long for column 'rep_status' at row 1。

解决办法：

源数据为空，导入到 Hive 为 NULL（ string)字符串，目标 MySQL 字段长度为 varchar(2)，长度不够而报错。加入"--null-string "\\N" --null-non-string "\\N""。

4. 问题 4

Java.lang.IllegalArgumentException: Timestamp format must be yyyy-mm-dd hh:mm:ss[.fffffffff]。

解决办法：

时间格式在数据集市中为 String，导入到堡垒机中会自动转换成对应时间格式，或者导入 Hive 时指定导入的时间格式。

--map-column-Java passtime=Java.sql.Timestamp

5. 问题 5

将 Hive 中数据导入到 Oracle 中。

注　意
Sqoop 导出语句要注意，目标表名要为大写。Oracle 中表名是区分字母大小写的。

3.7 实验三：Sqoop 的安装配置及使用

3.7.1 本实验目标

- 此课程编写了详细的实训步骤，学员按照步骤，一步一步地操作执行。
- 此课程需要掌握数据库的基本知识，并要掌握数据库的创建表、插入数据等技能。
- 掌握 Sqoop 的基本理论知识，了解 Sqoop 操作技能。
- 动手实际操作 Sqoop 在 Linux 下面的安装部署和配置，对一些错误的问题进行有效的分析和处理。
- 动手实际操作 MySQL 创建表和插入数据的例子，使用 Sqoop 对 MySQL 的数据进行导入和导出操作，对 Sqoop 大部分的功能有个全面的掌握和熟悉。

● 学习该课程后，到企业里可以完成的工作如下：数据库运维，数据库安装工程师，数据库分析等。

3.7.2　本实验知识点

● Sqoop 的基础技术和原理。
● Sqoop 在 Linux 的安装步骤。
● Sqoop 错误的处理方法。
● 在 MySQL 数据库中创建表等操作。
● Sqoop 列出数据库的命令。
● Sqoop 数据导入导出的例子。

3.7.3　项目实施过程

步骤 01　登录到 Ambari 的控制台。

访问地址：http://192.168.1.112:8080。

用户名和密码：admin/admin。

浏览器界面跳入到主界面，如图 3-19 所示。

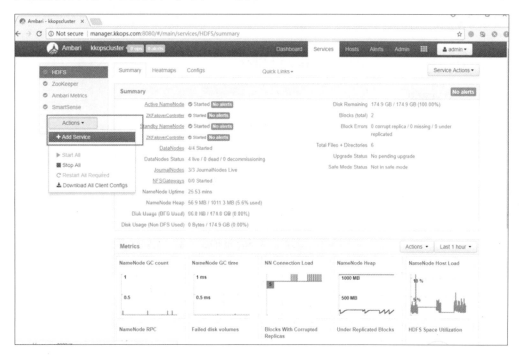

图 3-19　Ambari 的控制台主界面

步骤 02　选中 Sqoop 服务。

单击"Actions"→"Add Service",选中 Sqoop 服务,如图 3-20 所示。

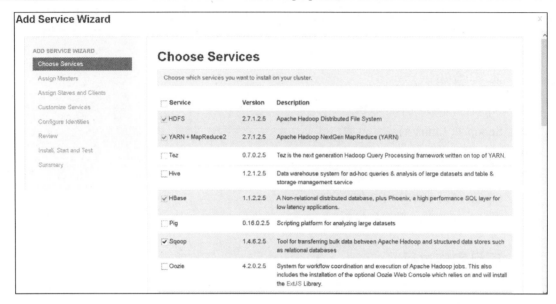

图 3-20 Sqoop 服务

步骤 03 配置 Sqoop 服务。

配置安装 Sqoop 的服务器,建议全选,如图 3-21 所示。

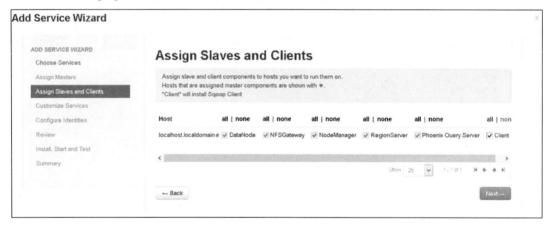

图 3-21 配置安装 Sqoop 的服务器

步骤 04 Hadoop 自定义服务。

自定义服务的配置信息,如图 3-22 所示。

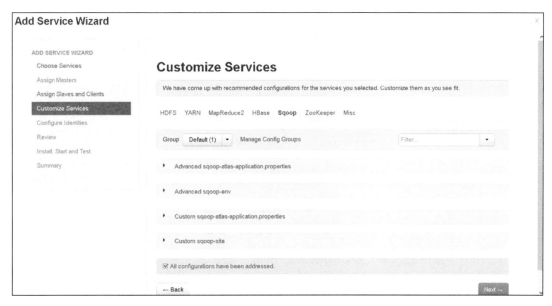

图 3-22　Hadoop 自定义服务

一般情况下采用默认参数，根据实际需要调整参数，如图 3-23 所示。

图 3-23　根据实际需要调整参数

单击"Deploy"按钮进入下一步，如图 3-24 所示。

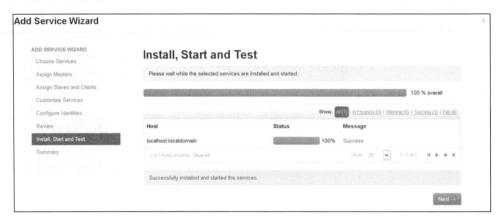

图 3-24 单击"Deploy"按钮

单击"Next"按钮进入下一步，如图 3-25 所示。

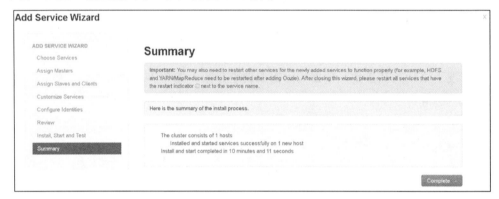

图 3-25 单击"Next"按钮

单击"Complete"按钮进入下一步，最后的结果如图 3-26 所示。

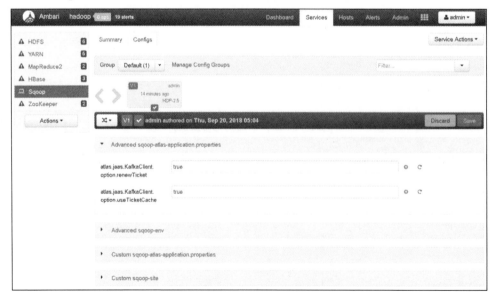

图 3-26 单击"Complete"按钮

步骤 05　通过 CRT 工具进入到远程环境。

使用 CRT 工具，输入 IP 地址、用户名和密码，就可以进入 Linux 操作系统的远程环境，如图 3-27 所示。

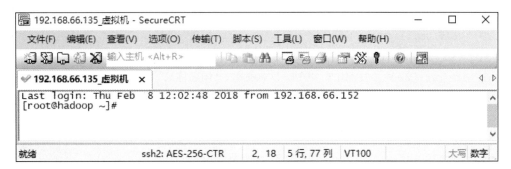

图 3-27　CRT 工具进入到远程环境

步骤 06　实现 Sqoop 的一个例子。

运行下面的命令，具体的脚本如下：

```
#列出 MySQL 数据库中的所有数据库
sqoop list-databases --connect jdbc:mysql://192.168.1.108:3306/
--username root --password mysql
#连接 MySQL 并列出数据库中的表
sqoop list-tables --connect jdbc:mysql://192.168.1.108:3306/mall
--username root --password mysql
```

结果如图 3-28 所示。

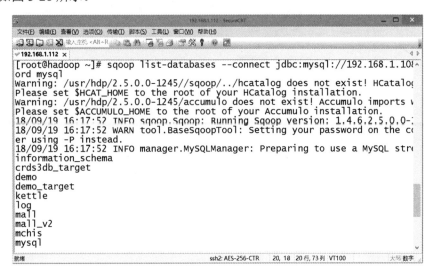

图 3-28　实现 Sqoop 的一个例子

步骤 07　使用工具创建 MySQL 表和插入数据。

运行下面的命令，具体的脚本如下：

```
##创建数据库
CREATE database mall ;
##创建表结构的脚本
CREATE TABLE mall.word_tf (
  id int（11）DEFAULT NULL COMMENT '词编码',
  word varchar（20）DEFAULT NULL COMMENT '词名称',
  tf int（5）DEFAULT NULL COMMENT '词频'
) ENGINE=InnoDB DEFAULT CHARSET=utf8;
##插入数据
INSERT INTO word_tf VALUES （1, '不是', 0）;
INSERT INTO word_tf VALUES （1, '外国', 0）;
INSERT INTO word_tf VALUES （2, '我', 1）;
INSERT INTO word_tf VALUES （2, '是', 0）;
INSERT INTO word_tf VALUES （2, '不是', 1）;
INSERT INTO word_tf VALUES （2, '中国', 0）;
INSERT INTO word_tf VALUES （2, '外国', 1）;
```

执行的过程如图 3-29 所示。

图 3-29　创建 MySQL 表和插入数据

步骤 08　使用 Sqoop 把 MySQL 导入到 HDFS 中。

运行下面的命令，具体的脚本如下：

```
#切换到 hdfs 用户
su hdfs
##把 MySQL 导入到 hdfs 中
sqoop import --connect jdbc:mysql://192.168.1.108:3306/mall --table
word_tf --target-dir '/mysql_tables/word_tf' --username root --password
mysql --fields-terminated-by '|' --m 2 --split-by id;
```

执行的结果如图 3-30 所示。

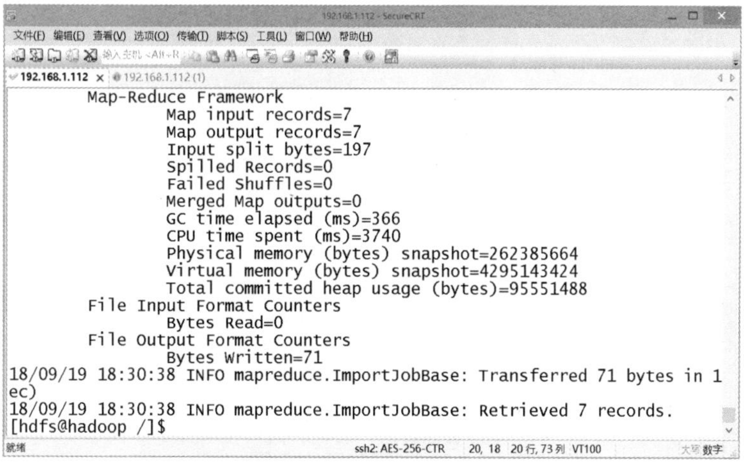

图 3-30　使用 Sqoop 把 MySQL 导入到 HDFS 中

运行下面的命令，具体的脚本如下：

```
#查看 HDFS 目录下面的文件，确保 HDFS 文件已经生成
hadoop fs -ls /mysql_tables/word_tf
#查看 HDFS 数据文件的内容
hadoop fs -cat /mysql_tables/word_tf/part-m-00000
```

结果如图 3-31 所示。

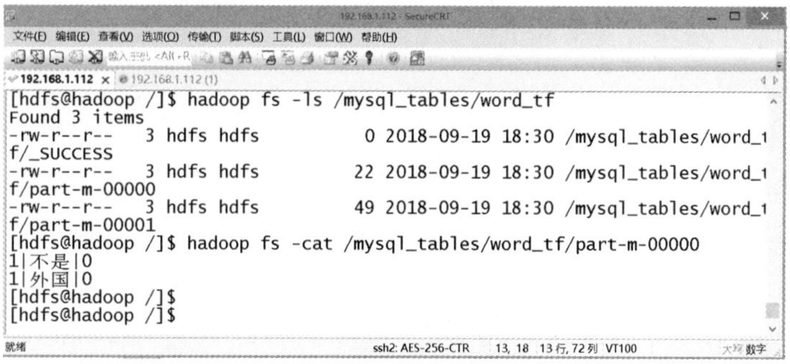

图 3-31　查看 HDFS 数据文件的内容

步骤 09 将 HDFS 数据导入到 MySQL 数据库表中。

运行下面的命令,具体的脚本如下:

```
##创建数据库表结构的脚本
CREATE TABLE mall.word_tf_target (
  id int (11) DEFAULT NULL COMMENT '词编码',
  word varchar (20) DEFAULT NULL COMMENT '词名称',
  tf int (5) DEFAULT NULL COMMENT '词频'
) ENGINE=InnoDB DEFAULT CHARSET=utf8;
```

执行的过程如图 3-32 所示。

图 3-32 将 HDFS 数据导入到 MySQL 数据库表

运行下面的命令,具体的脚本如下:

```
#切换到 HDFS 用户
su hdfs
##把 MySQL 导入到 HDFS 中
sqoop export --connect jdbc:mysql://192.168.1.108:3306/mall --username
root --password mysql --table word_tf_target --export-dir
/mysql_tables/word_tf/part-m-00000 --input-fields-terminated-by '|'
```

结果如图 3-33 所示。

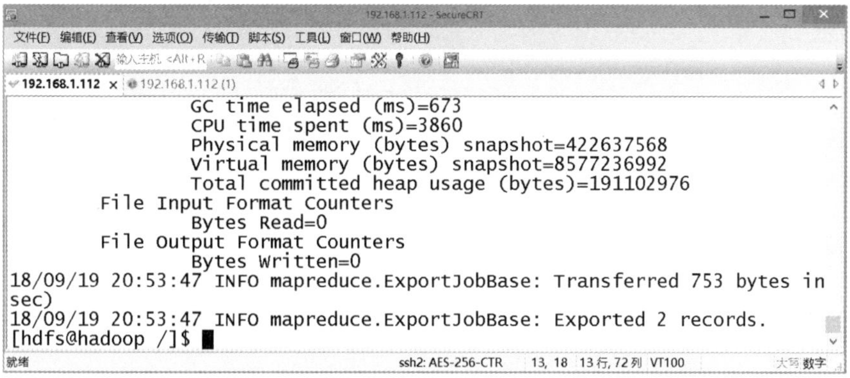

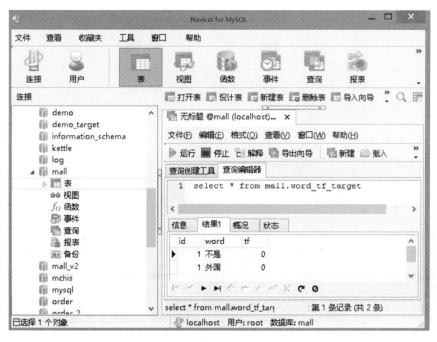

图 3-33　把 MySQL 导入到 HDFS 中

最后我们再用客户端登录到 MySQL 数据库，查询数据，执行的脚本如下：

```
#查询的脚本
select * from mall.word_tf_target ;
```

结果如图 3-34 所示。

图 3-34　查询数据

3.7.4　常见问题

1. 问题 1：NullPointerException 异常处理

Ambari 安装的 Hadoop、Hive、Sqoop，用 Sqoop 将数据从 Oracle 导出至 Hive 表，报 NullPointerException！

错误信息：

```
hadoop sqooporacle64 位。sqoop import --hive-import --connect
jdbc:oracle:thin:@192.168.88.233:1521:ITSPDB2 --username ITSP --password
itsp --verbose -m 1 --table HADOOP_TEST
-------------
用 sqoop 将数据从 oracle 导出至 hive 表，报错如下：
ERROR sqoop.Sqoop: Got exception running Sqoop:
Java.lang.NullPointerException
Java.lang.NullPointerException
```

解决办法 1：

权限问题，HDFS 目录是什么用户建立的就用什么用户调度 Sqoop。

解决办法 2：

确认 Sqoop 可以正常连接到 Oracle，用 list-tables 测试一下连接用的 JDBC lib 包的名称是什么。

2. 问题 2：找不到 MySQL 驱动

错误信息：

```
Java.lang.RuntimeException: Could not load db driver class:
com.mysql.jdbc.Driver
```

如图 3-35 所示。

```
java.lang.RuntimeException: Could not load db driver class: com.mysql.jdbc.Driver
        at org.apache.sqoop.manager.SqlManager.makeConnection(SqlManager.java:848)
        at org.apache.sqoop.manager.GenericJdbcManager.getConnection(GenericJdbcManager.java:52)
        at org.apache.sqoop.manager.CatalogQueryManager.listDatabases(CatalogQueryManager.java:57)
        at org.apache.sqoop.tool.ListDatabasesTool.run(ListDatabasesTool.java:49)
        at org.apache.sqoop.Sqoop.run(Sqoop.java:143)
        at org.apache.hadoop.util.ToolRunner.run(ToolRunner.java:70)
        at org.apache.sqoop.Sqoop.runSqoop(Sqoop.java:179)
        at org.apache.sqoop.Sqoop.runTool(Sqoop.java:218)
        at org.apache.sqoop.Sqoop.runTool(Sqoop.java:227)
        at org.apache.sqoop.Sqoop.main(Sqoop.java:236)
```

图 3-35　找不到 MySQL 驱动时出现的错误提示信息

原因分析：

[SQOOP_HOME]/lib/下缺少 MySQL 驱动包。

解决办法：

把 MySQL 驱动包上传到[SQOOP_HOME]/lib 目录中。

3. 问题 3：主键找不到

错误信息：

```
ERROR tool.ImportTool: Error during import: No primary key could be found
for table stu. Please specify one with --split-by or perform a sequential
import with '-m 1'
```

原因分析：

可以看出，在 MySQL 中导出的表没有设定主键，提示将--split-by 或者将参数-m 设置为1。

- Sqoop 可以通过-split-by 指定切分的字段，通过-m 设置 mapper 的数量。借助这两个参数分解生成 m 个 where 子句，以进行分段查询。
- split-by 根据不同的参数类型选择不同的切分方法，如表共有 100 条数据，其中 id 为 int 类型，并且指定-split-by id，若不设置 map 数量，则使用默认值 4。首先 Sqoop 会获取切分字段的 MIN()和 MAX()即（–split-by），再根据 map 数量进行划分，这时字段值就会分为 4 个 map：（1-25）（26-50）（51-75）（75-100）。
- 根据 MIN 和 MAX 不同的类型采用不同的切分方式支持 Date、Text、Float 等。

所以，若导入的表中没有主键，将-m 设置为 1 或者设置--split-by，即只有一个 map 运行，缺点是无法实现多个 map 并行录入数据（注意，当-m 设置的值大于 1 时，--split-by 必须设置字段）。--split-by 即便是 int 类型，若不是连续有规律递增的话，则各个 map 分配的数据可能是不均衡的，可能存在有些 map 会很忙，而有些 map 几乎没有数据处理的情况。

4. 问题 4：目标文件已经存在

错误信息：（见图 3-36）

```
ERROR tool.ImportTool: Encountered IOException running import job: org.apache.hadoop.mapred.FileAlreadyExistsException:
Output directory hdfs://192.168.137.200:9000/user/hadoop/stu already exists
        at org.apache.hadoop.mapreduce.lib.output.FileOutputFormat.checkOutputSpecs(FileOutputFormat.java:146)
        at org.apache.hadoop.mapreduce.JobSubmitter.checkSpecs(JobSubmitter.java:270)
        at org.apache.hadoop.mapreduce.JobSubmitter.submitJobInternal(JobSubmitter.java:143)
        at org.apache.hadoop.mapreduce.Job$10.run(Job.java:1307)
```

图 3-36 目标文件已经存在时的错误提示信息

原因分析：

表示准备要生成的数据文件在 HDFS 上已经存在。

解决办法：

删除目标目录后再导入，并且指定 MapReduce 的作业（Job）的名字参数--delete-target-dir --mapreduce-job-name。

例子：

sqoop import --connect jdbc:mysql://localhost:3306/sqoop --username root --password 123456 --mapreduce-job-name FromMySQL2HDFS --delete-target-dir --table stu -m 1

5. 问题 5：插入中文乱码问题

错误信息：

插入到 MySQL 数据库里面的中文数据存在乱码。

解决办法：

数据库链接后面加入 utf8 的数据格式。

```
sqoop export --connect
"jdbc:mysql://localhost:3306/test?useUnicode=true&characterEncoding=utf
-8" --username root --password 123456 --table sal -m 1 --export-dir
/user/hadoop/sal/
```

3.8 实验四：Kafka 的安装、配置及使用

3.8.1 本实验目标

- 了解 Kafka 的安装部署方法和步骤，动手实现在 HDP 平台上面进行 Kafka 的安装和部署。
- 了解消息队列的基本知识，熟悉发送信息和接收信息的传输通道的协议。培养遇到错误信息和问题的分析思路，养成如何查询错误问题和解决问题的习惯。
- 动手实操 Kafka 在 Linux 中的安装部署和配置，能对一些错误的问题进行有效的分析和处理。
- 动手操作 Kafka 发送数据和接收数据的例子，懂得怎么解决当中遇到的问题。
- 学习该课程后，到企业里可以完成的工作如下：数据库运维，数据库安装工程师，数据库分析等。

3.8.2 本实验知识点

- Kafka 的基本原理。
- 使用 HDP 安装 Kafka 的步骤。
- 安装 Kafka 的错误信息。
- Kafka 的配置信息。
- Kafka 发送数据的命令。
- Kafka 接收数据的脚本。

3.8.3　项目实施过程

步骤 01　登录到 Ambari 的控制台。

访问地址：http://192.168.1.112:8080

用户名和密码：admin/admin

浏览器界面跳入到主界面，如图 3-37 所示。

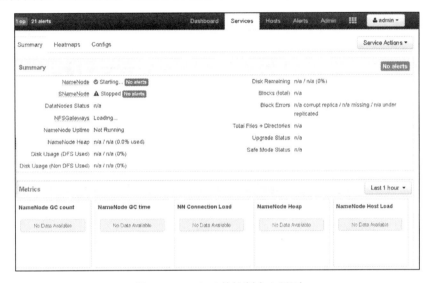

图 3-37　Ambari 的控制台主界面

步骤 02　选中 Kafka 服务。

单击"Actions"→"Add Service"，选中 Kafka 服务，如图 3-38 所示。

Ambari Infra	0.1.0	Core shared service used by Ambari managed components.
Ambari Metrics	0.1.0	A system for metrics collection that provides storage and retrieval capability for metrics collected from the cluster
Atlas	0.7.0.2.5	Atlas Metadata and Governance platform
✓ Kafka	0.10.0.2.5	A high-throughput distributed messaging system
Knox	0.9.0.2.5	Provides a single point of authentication and access for Apache Hadoop services in a cluster
Log Search	0.5.0	Log aggregation, analysis, and visualization for Ambari managed services. This service is **Technical Preview**.
Ranger	0.6.0.2.5	Comprehensive security for Hadoop
Ranger KMS	0.6.0.2.5	Key Management Server
SmartSense	1.3.0.0-22	SmartSense - Hortonworks SmartSense Tool (HST) helps quickly gather configuration, metrics, logs from common HDP services that aids to quickly troubleshoot support cases and receive cluster-specific recommendations.
Spark	1.6.x.2.5	Apache Spark is a fast and general engine for large-scale data processing.
Spark2	2.0.x.2.5	Apache Spark 2.0 is a fast and general engine for large-scale data processing. This service is **Technical Preview**.
Zeppelin Notebook	0.6.0.2.5	A web-based notebook that enables interactive data analytics. It enables you to make beautiful data-driven, interactive and collaborative documents with SQL, Scala and

图 3-38　选中 Kafka 服务

步骤 **03** 分配主机。

分配主机即指派用于运行的主机，因为是单机版，所以都分配给同 1 台机器，组件包括 SNameNode 和 NameNode 等，如图 3-39 所示。

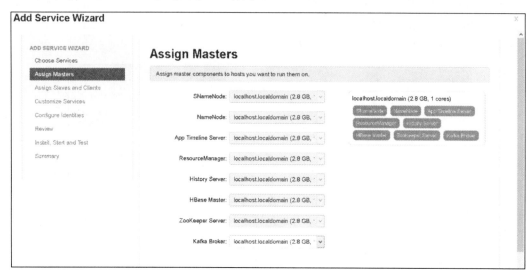

图 3-39　分配主机

步骤 **04** 自定义 Kafka 服务。

自定义 Kafka 的配置信息，基本上选用默认配置即可，如图 3-40 所示。

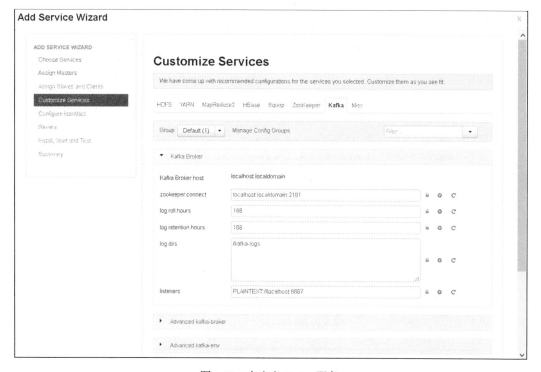

图 3-40　自定义 Kafka 服务

一般情况下选用默认配置，也可以根据实际需要调整配置参数，如图 3-41 所示。

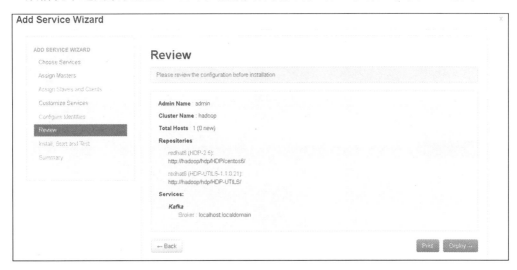

图 3-41　根据实际需要调整配置参数

单击"Deploy"按钮进入下一步，等待对操作系统进行的安装软件，如图 3-42 所示。

图 3-42　单击"Deploy"按钮

单击"Next"按钮进入下一步，如图 3-43 所示。

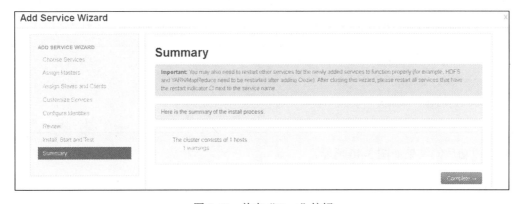

图 3-43　单击"Next"按钮

单击"Complete"按钮进入下一步，最后的结果如图 3-44 所示。

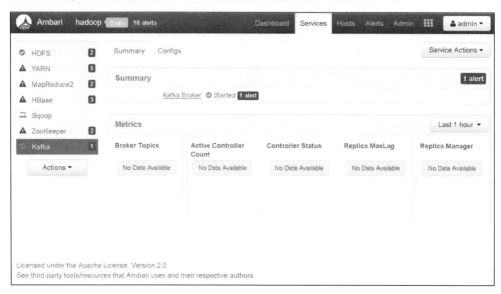

图 3-44　单击"Complete"按钮

步骤 05　通过 CRT 工具进入到远程环境。

使用 CRT 工具，输入 IP 地址、用户名和密码，就可以进入 Linux 操作系统的远程环境，结果如图 3-45 所示。

图 3-45　CRT 工具进入到远程环境

步骤 06　启动 Server 服务。

运行下面的命令，具体的脚本如下：

```
#启动 Ambari 的服务端服务
ambari-server start
#启动 Ambari 的客户端服务
ambari-agent start
```

启动成功后的结果如图 3-46 所示。

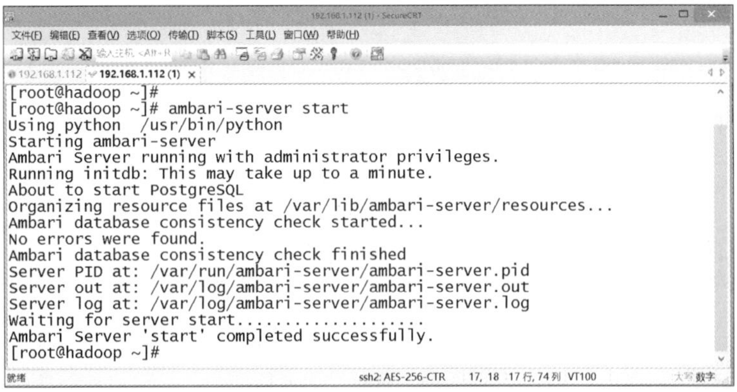

图 3-46　启动 Server 服务

步骤 **07**　实现 Kafka 的第 1 个例子。

运行下面的命令，具体的脚本如下：

```
#先找到 Kafka 的 sh 文件和对应的目录
find -name '*kafka-topics.sh*'
#显示的信息如下：./usr/hdp/2.5.0.0-1245/kafka/bin/kafka-topics.sh
#进入到 Kafka 的目录
cd /usr/hdp/2.5.0.0-1245/kafka/bin
#列出所有的 topic
./kafka-topics.sh --list --ZooKeeper hadoop:2181
```

结果如图 3-47 所示。

图 3-47　实现 Kafka 的第 1 个例子

步骤 **08**　实现 Kafka 发送数据的程序代码。

运行下面的命令，具体的脚本如下：

```
##进入到 Kafka 的目录
cd /usr/hdp/2.5.0.0-1245/kafka/bin
##在一个窗口执行发送消息的脚本
./kafka-console-producer.sh --broker-list localhost:6667 --topic test
#输入信息
##打开另外一个窗口，执行接收消息的脚本
./kafka-console-consumer.sh  --ZooKeeper  localhost:2181  --topic  test
--from-beginning
#显示信息
```

```
##查看队列明细
./kafka-topics.sh --describe --ZooKeeper localhost:2181 --topic test
```

结果如图 3-48 和图 3-49 所示。

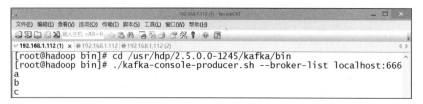

图 3-48　执行发送消息

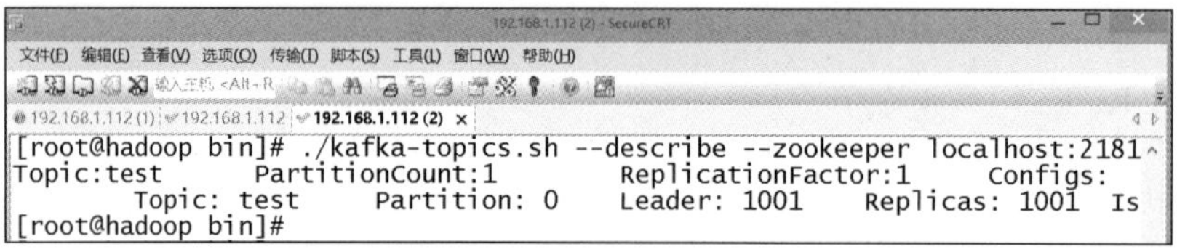

图 3-49　执行接收消息

步骤 09　实现 Kafka 接收数据的程序代码。

运行下面的命令，具体的脚本如下：

```
##进入到 Kafka 的目录
cd /usr/hdp/2.5.0.0-1245/kafka/bin
##打开另外一个窗口，执行接收消息的脚本
./kafka-console-consumer.sh --ZooKeeper localhost:2181 --topic test
--from-beginning
#显示信息
##查看队列明细
./kafka-topics.sh --describe --ZooKeeper localhost:2181 --topic test
```

如果出现如图 3-50 所示结果，则表示执行成功。

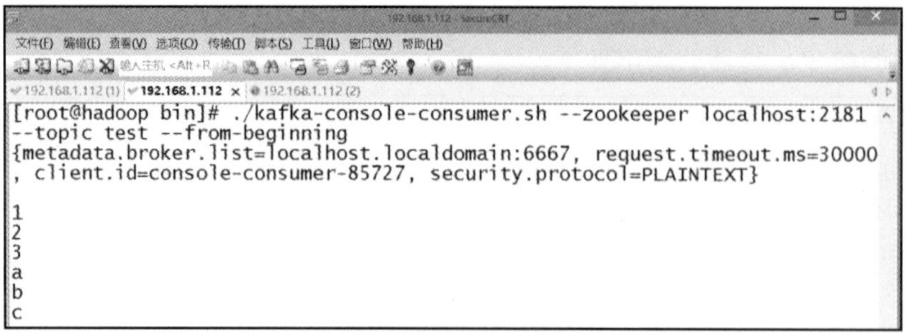

图 3-50　实现 Kafka 接收数据

3.8.4　常见问题

1. 问题 1：执行 Kafka 查看 topic 的命令报错

错误信息：

如图 3-51 所示。

```
[root@hadoop bin]# ./kafka-topics.sh --list --zookeeper hadoop:2181
[2018-09-25 10:02:41,658] WARN Session 0x0 for server null, unexpected error, closing socket connection
and attempting reconnect (org.apache.zookeeper.ClientCnxn)
java.net.ConnectException: Connection refused
        at sun.nio.ch.SocketChannelImpl.checkConnect(Native Method)
        at sun.nio.ch.SocketChannelImpl.finishConnect(SocketChannelImpl.java:717)
        at org.apache.zookeeper.ClientCnxnSocketNIO.doTransport(ClientCnxnSocketNIO.java:361)
        at org.apache.zookeeper.ClientCnxn$SendThread.run(ClientCnxn.java:1081)
[2018-09-25 10:02:42,816] WARN Session 0x0 for server null, unexpected error, closing socket connection
and attempting reconnect (org.apache.zookeeper.ClientCnxn)
java.net.ConnectException: Connection refused
        at sun.nio.ch.SocketChannelImpl.checkConnect(Native Method)
        at sun.nio.ch.SocketChannelImpl.finishConnect(SocketChannelImpl.java:717)
        at org.apache.zookeeper.ClientCnxnSocketNIO.doTransport(ClientCnxnSocketNIO.java:361)
        at org.apache.zookeeper.ClientCnxn$SendThread.run(ClientCnxn.java:1081)
[2018-09-25 10:02:43,920] WARN Session 0x0 for server null, unexpected error, closing socket connection
and attempting reconnect (org.apache.zookeeper.ClientCnxn)
java.net.ConnectException: Connection refused
        at sun.nio.ch.SocketChannelImpl.checkConnect(Native Method)
        at sun.nio.ch.SocketChannelImpl.finishConnect(SocketChannelImpl.java:717)
        at org.apache.zookeeper.ClientCnxnSocketNIO.doTransport(ClientCnxnSocketNIO.java:361)
        at org.apache.zookeeper.ClientCnxn$SendThread.run(ClientCnxn.java:1081)
[2018-09-25 10:02:45,024] WARN Session 0x0 for server null, unexpected error, closing socket connection
and attempting reconnect (org.apache.zookeeper.ClientCnxn)
java.net.ConnectException: Connection refused
```

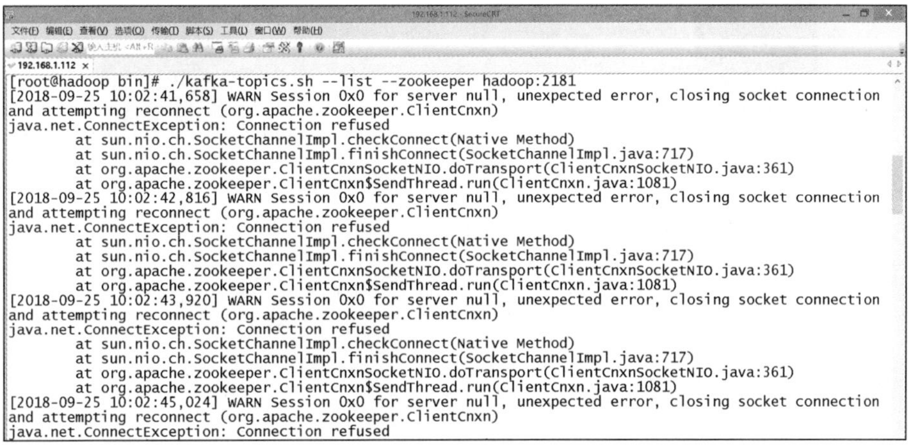

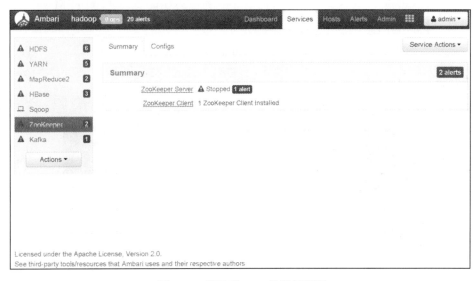

图 3-51　执行 Kafka 查看 topic 的命令报错信息

原因分析：

ZooKeeper 这个服务未启动。

解决办法：

登录到 Web 的服务页面，如图 3-52 所示。

图 3-52　登录到 Web 的服务页面

再启动 ZooKeeper 这个服务，若启动成功，则如图 3-53 所示。

图 3-53　启动 ZooKeeper 服务

再执行下面的语句，若成功，则如图 3-54 所示。

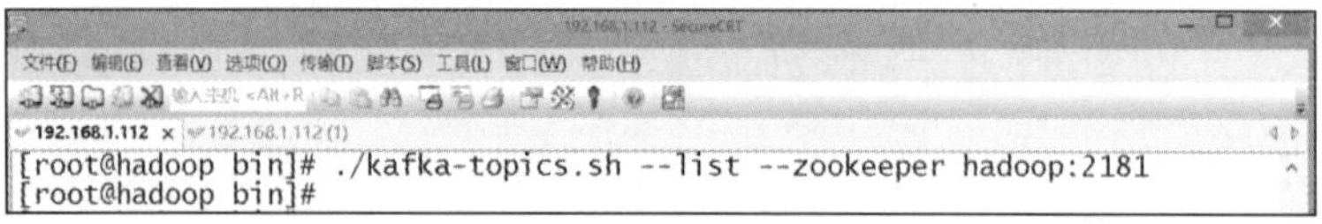

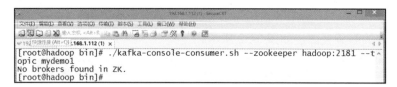

图 3-54　成功的显示结果

2. 问题 2：执行 Kafka 接收数据时报错

错误信息：

如图 3-55 所示。

图 3-55　执行 Kafka 接收数据的时候报错信息

解决办法：

登录到 Web 管理页面，启动 Kafka 的服务，如图 3-56 所示。

图 3-56　启动 Kafka 的服务

第 4 章

◀ 大数据存储 ▶

本章学习目标

- 了解数据库和数据仓库理论。
- 了解 HDFS 分布式文件系统。
- 了解大数据仓库 Hive。
- 了解分布式文件系统 HDFS。
- 了解 NoSQL 数据库。
- 了解"键-值对"存储数据库 Memcached、Redis。
- 了解面向文档数据库 MongoDB。

本章先向读者介绍数据库和数据仓库,然后分别介绍了数据存储工具 HDFS、Hive、NoSQL、Memcache、Redis、MongoDB 等。

4.1 数据库和数据仓库

4.1.1 数据库类型简介

1. 数据库类型

- 关系型数据库: Oracle、SQL Server、DB2.MySQL、Access……
- 非关系型数据库: 列存储数据库(HBase)、文档型数据库(MongoDB)、"键-值对"数据库、图形数据库……

2. 数据库类型间区别

数据库类型之间的区别如表 4-1 所示。

表4-1　数据库之间的区别

数据库类型	特性	优点	缺点
关系型数据库 SQLServer、 Oracle、 MySQL	● 采用了关系模型来组织数据的数据库 ● 最大特点就是事务的一致性 ● 二维表格模型，由二维表及其之间的联系所组成的一个数据组织 ● 底层基于行式存储	● 容易理解：二维表结构 ● 使用方便：通用的 SQL 语言 ● 易于维护：丰富的完整性（实体完整性、引用完整性和用户定义的完整性）大大减低了数据冗余和数据不一致的概率 ● 支持 SQL，可用于复杂的查询保证事务的原子性和一致性	● 维护一致性所付出的巨大代价就是其读写性能比较差 ● 固定的表结构 ● 高并发读写需求 ● 海量数据的读写性能不佳
非关系型数据库 MongoDB、 Redis、HBase	● 使用"键-值对"存储数据 ● 分布式 ● 一般不支持 ACID 特性，包括原子性（Atomicity）、一致性（Consistency）、隔离性（Isolation）、持久性（Durability） ● 严格上不是一种数据库，应该是一种数据结构化存储方法的集合	● 无须经过 SQL 层的解析，读写性能很高 ● 基于"键-值对"，数据没有耦合性，容易扩展 ● 存储数据的格式：非 SQL 的存储格式，是（Key, Value）形式、文档形式、图片形式等，文档形式、图片形式等 ● 对同一类型数据的压缩比	● 不提供标准的 SQL 支持，学习和使用成本较高 ● 无事务处理，附加功能 BI 和报表等支持也不好

3. 非关系型数据库介绍

非关系型数据库表现在如表 4-2 所示的几个方面。

表4-2　非关系型数据库表现

分类	Examples 举例	典型应用场景	数据模型	优点	缺点
键值（Key-Value）	Redis, Voldemort, Oracle BDB	内容缓存，主要用于处理大量数据的高访问负载，也用于一些日志系统等	Key 指向 Value 的"键-值对"，通常用哈希表（hash table）来实现	查找速度快	数据无结构化，通常只被当作字符串或者二进制数据
列存储数据库	Cassandra, HBase, Riak	分布式的文件系统	以列簇式存储，将同一列数据存在一起	查找速度快，可扩展性强，更容易进行分布式扩展	功能相对局限

（续表）

分类	Examples 举例	典型应用场景	数据模型	优点	缺点
文档型数据库	CouchDB, MongoDB	Web 应用（与 Key-Value 类似，Value 是结构化的，不同的是数据库能够了解 Value 的内容）	Key-Value Pair（键-值对），Value 为结构化数据	数据结构要求不严格，表结构可变，不需要像关系型数据库一样需要预先定义表结构	查询性能不高，而且缺乏统一的查询语法
图形（Graph）数据库	Neo4J, InfoGrid, Infinite Graph	社交网络、推荐系统等，专注于构建关系图谱	图结构	利用图结构相关算法。比如最短路径寻址，N 度关系查找等	需要对整个图做计算才能得出需要的信息，而且这种结构不太好实施分布式的集群方案

4. 数据库使用场景

数据库使用场景包括事务型处理和分析型处理。

事务型处理：即操作型处理，指对数据库的联机操作处理（OLTP），用来响应日常商务活动。它是事件驱动、面向应用的，通常是对一个或一组记录的增、删、改以及简单查询等（大量、简单、重复和例行性）；在此场景中，数据库要求能支持日常事务中的大量事务，用户对数据的存取操作频率高并且每次操作处理的时间短。

分析型处理：用于管理人员的决策分析，如 EIS（经理信息系统）和多维分析等。它帮助决策者分析数据以察看趋向、判断问题；经常要访问大量的历史数据，支持复杂的查询；过程中经常用到外部数据，这部分数据不是由事务型处理系统产生的，而是来自于其他外部数据源。

4.1.2　数据仓库介绍

1. 数据仓库概念

数据仓库（Data Warehouse）是一个面向主题、集成、时变、非易失的数据集合，可用于支持管理部门的决策。

数据仓库通常围绕一些主题，如"产品""销售商""消费者"等来进行组织。数据仓库关注的是决策者的数据建模与分析，而不针对日常操作和事务的处理。因此，数据仓库提供了特定主题的简明视图，排除了对于决策无用的数据。

● 集成（Integrated）：数据仓库通常是结合多个异种数据源构成的，异种数据源可能包括关系型数据库、面向对象数据库、文本数据库、Web 数据库、一般文件等。

- 时变（Time Variant）：数据存储从历史的角度提供信息，数据仓库中包含时间元素，它所提供的信息总是与时间相关联的。数据仓库中存储的是一个时间段的数据，而不仅仅是某一个时刻的数据。

- 非易失（Nonvolatile）的数据集合：数据仓库总是与操作环境下的实时应用数据物理地分离存放，因此不需要事务处理、恢复和并发控制机制。数据仓库里的数据通常只需要两种操作：初始化载入和数据访问，因此其数据相对稳定，极少或根本不更新。

2. 数据仓库和数据库区别

数据仓库和数据库的区别表现在如表 4-3 所示的几个方面。

表 4-3　数据仓库和数据库的区别

传统数据库（事务性）数据	数据仓库（决策支持）数据
面向应用：数据服务于某个特定的商务过程或功能（OLTP）	面向主题：数据服务于某个特定的商务主题，例如客户信息等。它是非规范化数据（OLAP）
细节数据，例如包含了每笔交易的数据	对源数据进行摘要，或经过复杂的统计计算。例如一个月中交易收入和支出的总和
结构通常不变	结构是动态的，可根据需要增减
易变性（数据可改变）	非易变（数据一旦插入就不能改变）
事务驱动	分析驱动
一般按记录存取，所以每个特定过程只操作少量数据	一般以记录集存取，所以一个过程能处理大批数据，例如从过去几年数据中发现趋势
反映当前情况	反映历史情况
通常只作为一个整体管理	可以分区管理
系统性能至关重要，因为可能有大量用户同时访问	对性能要求较低，同时访问的用户较少

3. 联机分析处理

（1）什么是联机分析处理（Online Analytical Processing，OLAP）

联机分析处理是一种软件技术，从多种角度对由原始数据中转化出来的、能够真正为用户所理解的、并真实反映数据维特性的信息，进行快速、一致、交互地访问，从而使分析人员、管理人员能够获得对数据的更深入理解。

（2）OLAP 的特征

- 核心：指标、维度。
- 目标：多维分析。
- 特点：灵活、动态；多角度、多层次的视角；快速。

（3）OLAP 的基本功能

- 商业语义层的定义。
- 上钻和下钻（Roll up and Drill down）。

- 切片和切块（Slice and Dice）。
- 旋转（Pivoting）。
- 强大的复杂计算能力。
- 时间智能。
- 丰富的数据展现方式。

（4）OLAP 功能例子

下面是一个简单的 OLAP 例子，如图 4-1 所示。

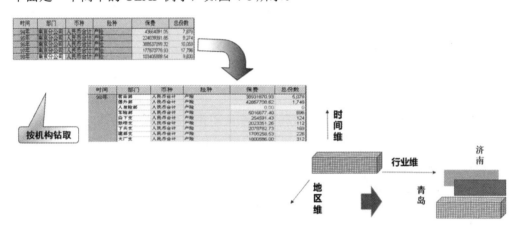

图 4-1　简单的 OLAP 例子

4.2　分布式文件系统 HDFS

4.2.1　HDFS 介绍

1. HDFS 简介

总体而言，HDFS 要实现以下目标：

- 兼容廉价的硬件设备。
- 流式数据读写。
- 大数据集。
- 简单的文件模型。
- 强大的跨平台兼容性。
- 动态扩展。

HDFS 特殊的设计，在实现上述优良特性的同时，也使得自身具有一些应用局限性，主要包括以下几个方面：

- 不适合低延迟数据访问。

- 无法高效存储大量小文件。
- 不支持多用户写入及任意修改文件。

2. 块

HDFS 默认一个块为 64MB，一个文件被分成多个块，以块作为存储单位。HDFS 块的大小远远大于普通文件系统，这样可以最小化寻址的开销。

HDFS 采用抽象的块概念，可以带来以下几个明显的好处：

- 支持大规模文件存储：文件以块为单位进行存储，一个大规模文件可以被分拆成若干个文件块，不同的文件块可以被分发到不同的节点上，因此，一个文件的大小不会受到单个节点的存储容量的限制，可以远远大于网络中任意节点的存储容量。
- 简化系统设计：首先，大大简化了存储管理，因为文件块大小是固定的，这样就可以很容易计算出一个节点可以存储多少文件块；其次，方便了元数据的管理，元数据不需要和文件块一起存储，可以由其他系统负责管理元数据。
- 适合数据备份：每个文件块都可以冗余存储到多个节点上，大大提高了系统的容错性和可用性。

3. 名称节点和数据节点

在进入互联网冲浪之前，还首先做一些准备工作。首先需要申请上网账号，还要对系统的硬件、软件和通信系统进行安装和设置，才能够最终接入互联网。主要组件的功能如图 4-2 所示。

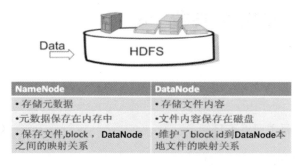

图 4-2　主要组件的功能

4. 名称节点的数据结构

在 HDFS 中，名称节点（NameNode）负责管理分布式文件系统的命名空间（Namespace），它保存了两个核心的数据结构，即 FsImage 和 EditLog。

- FsImage 用于维护文件系统树以及文件树中所有的文件和文件夹的元数据。
- 操作日志文件 EditLog 中记录了所有针对文件的创建、删除、重命名等操作。

集群数据由名称节点来管理，它记录了每个文件中各个块所在的数据节点的位置信息，通过名称节点能快速定位到数据的物理位置。

结构图如图 4-3 所示。

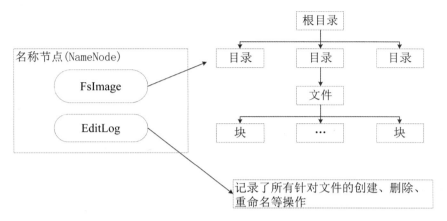

图 4-3　名称节点和数据节点的结构图

5. 计算机集群结构

分布式文件系统把文件分布存储到多个计算机节点上,成千上万的计算机节点构成计算机集群。

与之前使用多个处理器和专用高级硬件的并行化处理设备不同的是,目前的分布式文件系统所采用的计算机集群,都是由普通计算机硬件构成的,这就大大降低了集群在硬件上的开销。计算机集群结构如图 4-4 所示。

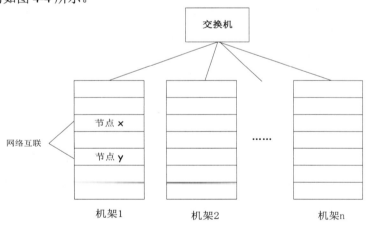

图 4-4　计算机集群结构

6. 分布式文件系统的结构

分布式文件系统在物理结构上是由计算机集群中的多个节点构成的,这些节点主要分为两类:一类叫“主节点”(Master Node)或者也被称为“名称结点”(NameNode);另一类叫“从节点”(Slave Node)或者也被称为“数据节点”(DataNode)。

分布式文件系统的结构如图 4-5 所示。

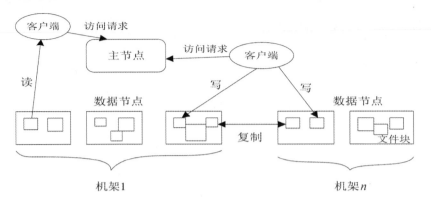

图 4-5 分布式文件系统的结构 n

4.2.2 HDFS 体系结构

1. HDFS 体系结构概述

HDFS 采用了主-从（Master-Slave）结构模型，一个 HDFS 集群包括一个以上名称节点（NameNode）和若干个数据节点（DataNode）。（注：一般我们会给集群作 HA，防止单点故障，此时就可能会有多个名称节点。）名称节点作为中心服务器，负责管理文件系统的命名空间及客户端对文件的访问。集群中的数据节点一般是一个节点运行一个数据节点进程，负责处理文件系统客户端的读/写请求，在名称节点的统一调度下进行数据块的创建、删除和复制等操作。每个数据节点的数据实际上是保存在本地 Linux 文件系统中。

HDFS 体系结构如图 4-6 所示。

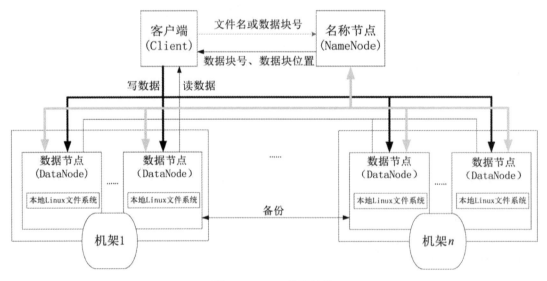

图 4-6 HDFS 体系结构

2. HDFS 命名空间管理

HDFS 的命名空间包含目录、文件和块。

在 HDFS 1.0 体系结构中，整个 HDFS 集群只有一个命名空间，并且只有唯一一个名称节点，该节点负责对这个命名空间进行管理。

HDFS 使用的是传统的分级文件体系，因此，用户可以像使用普通文件系统一样，创建、删除目录和文件，在目录间转移文件，重命名文件等。

3. 通信协议

HDFS 是一个部署在集群上的分布式文件系统，因此，很多数据需要通过网络进行传输。所有的 HDFS 通信协议都是构建在 TCP/IP 协议基础之上的。

客户端通过一个可配置的端口向名称节点主动发起 TCP 连接，并使用客户端协议与名称节点进行交互。

名称节点和数据节点之间则使用数据节点协议进行交互。

客户端与数据节点的交互是通过 RPC（Remote Procedure Call）来实现的。在设计上，名称节点不会主动发起 RPC，而是响应来自客户端和数据节点的 RPC 请求。

4. 客户端

客户端是用户操作 HDFS 最常用的方式，HDFS 在部署时都提供了客户端。

HDFS 客户端是一个库，暴露了 HDFS 文件系统接口，这些接口隐藏了 HDFS 实现中的大部分复杂性。

严格来说，客户端并不算是 HDFS 的一部分。

客户端可以支持打开、读取、写入等常见的操作，并且提供了类似 Shell 的命令行方式来访问 HDFS 中的数据。

此外，HDFS 也提供了 Java API，作为应用程序访问文件系统的客户端编程接口。

5. HDFS 优点

- 高容错性：数据自动保存多个副本。副本丢失后，自动恢复。
- 适合批处理：通过移动计算而非移动数据，因而会把数据位置暴露给计算框架。
- 适合大数据处理：GB、TB 甚至 PB 级数据，百万规模以上的文件数量。10K+节点规模。
- 流式文件访问：一次性写入，多次读取，保证数据一致性。
- 可构建在廉价机器上：通过多副本提高可靠性，提供了容错和恢复机制。

6. HDFS 体系结构的局限性

HDFS 只设置唯一一个名称节点，这样做虽然大大简化了系统设计，但也带来了一些明显的局限性，具体如下：

- 命名空间的限制：名称节点是保存在内存中的，因此，名称节点能够容纳的对象（文件、块）的个数会受到内存空间大小的限制。
- 性能的瓶颈：整个分布式文件系统的吞吐量，受限于单个名称节点的吞吐量。
- 隔离问题：由于集群中只有一个名称节点，只有一个命名空间，因此，无法对不同应用程序进行隔离。

- 集群的可用性：一旦这个唯一的名称节点发生故障，会导致整个集群变得不可用。
- 不支持低延迟数据访问：不支持毫秒级，有一定延迟，不支持超高吞吐率。
- 大量的小文件：占用 NameNode 大量内存，寻道时间超过读取时间。
- 不支持并发写入、文件随机修改：一个文件只能有一次写入，不能修改，仅支持添加（Append）。

4.3 分布式分析引擎 Kylin 介绍

4.3.1 Kylin 简介

1. Apache Kylin 是什么

在现在的大数据时代，越来越多的企业开始使用 Hadoop 管理数据，但是现有的业务分析工具（如 Tableau、Microstrategy 等）往往存在很大的局限性，如难以水平扩展、无法处理超大规模数据、缺少对 Hadoop 的支持；而利用 Hadoop 做数据分析依然存在诸多障碍，例如大多数分析师只习惯使用 SQL，Hadoop 难以实现快速交互式查询等。神兽 Apache Kylin 就是为了解决这些问题而设计的。

Apache Kylin，中文名为麒麟，是 Hadoop 动物园的重要成员。Apache Kylin 是一个开源的分布式分析引擎，最初由 eBay 开发并贡献给开源社区。它提供 Hadoop 之上的 SQL 查询接口及多维联机分析（OLAP）能力以支持大规模数据，能够处理 TB 乃至 PB 级别的分析任务，能够在亚秒级查询巨大的 Hive 表，并支持高并发。其概述图如图 4-7 所示。

图 4-7　Apache Kylin 概述图

2. Kylin 发展历程

Apache Kylin 于 2014 年 10 月在 GitHub 开源，并很快在 2014 年 11 月加入 Apache 孵化器，于 2015 年 11 月正式成为 Apache 顶级项目，也成为首个完全由中国团队设计开发的 Apache 顶级项目。2016 年 3 月，Apache Kylin 核心开发成员创建了 Kyligence 公司，力求更好地推动项目和社区的快速发展，如图 4-8 所示。

| 2013年09月：项目启动 |
| 2014年10月：开源并加入Apache孵化器项目 |
| 2015年09月：InfoWorld Bossie Award-最佳开源大数据工具奖 |
| 2015年10月：Apache Kylin v1.0正式发布 |
| 2015年11月：正式毕业成为Apache顶级项目 |
| 2016年03月：由Kylin核心贡献者组件的创业公司正式成立 |

图 4-8　Apache Kylin 社区发展

Kylin 的发展历史如图 4-9 所示。

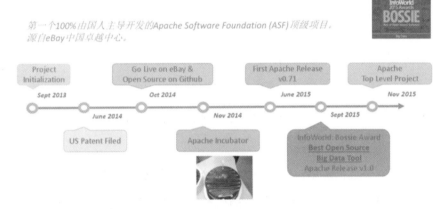

图 4-9　Apache Kylin 发展历史

3. Kyligence 公司介绍

Kyligence 是一家专注于大数据分析领域创新的数据科技公司，提供基于 Apache Kylin 的企业级智能分析平台及产品，以及可靠、专业、源码级的商业化支持；并推出 Apache Kylin 开发者培训，颁发全球唯一的 Apache Kylin 开发者认证证书。此公司的官网首页如图 4-10 所示。

图 4-10　Kyligence 官网首页

4.3.2　Kylin 基本原理和架构

1. Kylin 的基本原理

Kylin 的核心思想是预计算，即对多维分析可能用到的度量进行预计算，将计算好的结果保存成 Cube,供查询时直接访问。把高复杂度的聚合运算、多表连接等操作转换成对预计算结果的查询,这决定了 Kylin 能够拥有很好地快速查询和高并发的能力。Kylin 的结构图如图 4-11 所示。

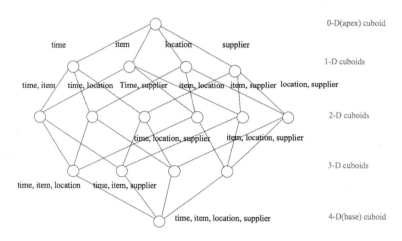

图 4-11　Kylin 的结构图

2. Kylin 架构

为了更好地适应大数据环境,Kylin 从数据仓库中最常用的 Hive 中读取源数据,使用 MapReduce 作为 Cube 构建的引擎,并把预计算的结果保存在 HBase 中,对外暴露 Rest API/JDBC/ODBC 的查询接口。因为 Kylin 支持标准的 ANSI SQL,所以可以和常用分析工具(如 Tableau、Excel 等)进行无缝对接。Kylin 的技术架构图如图 4-12 所示。

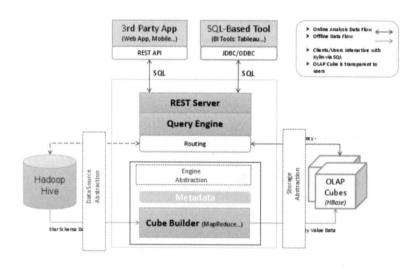

图 4-12　Kylin 的技术架构图

3. Cube 的构建

Kylin 提供了一个称作 Layer Cubing 层级体积的算法。就是按照 dimension 维度数量从大到小的顺序，从 Base Cuboid 开始，依次基于上一层 Cuboid 的结果进行再聚合。每一层的计算都是一个单独的 MapReduce 任务，如图 4-13 所示。

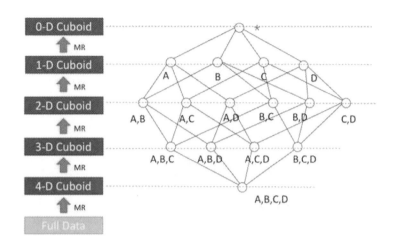

图 4-13　Cube 的构建

MapReduce 的计算结果最终保存到 HBase 中，HBase 中每行记录的 Rowkey 由 dimension 维度组成，measure 会保存在 column family 中。为了减小存储代价，这里会对 dimension 和 measure 进行编码。查询阶段，利用 HBase 列存储的特性就可以保证 Kylin 有良好的快速响应和高并发。解释如图 4-14 所示。

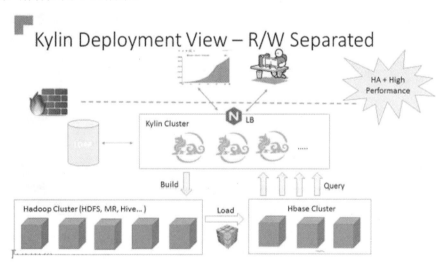

图 4-14　Kylin 有良好的快速响应和高并发

4. Cube 的查询操作

有了这些预计算的结果，当收到用户的 SQL 请求，Kylin 会对 SQL 做查询计划，并把本该进行的 Join、Sum、Count Distinct 等操作改写成 Cube 的查询操作。查询操作的步骤如图 4-15 所示。

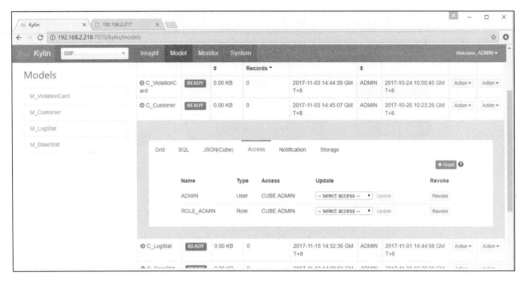

图 4-15　Kylin 会对 SQL 做查询计划

5. Kylin 的 Web 页面

Kylin 提供了一个原生的 Web 管理界面，在这里，用户可以方便地创建和设置 Cube、管控 Cube 构建进度，并提供 SQL 查询和基本的结果可视化，如图 4-16 所示。

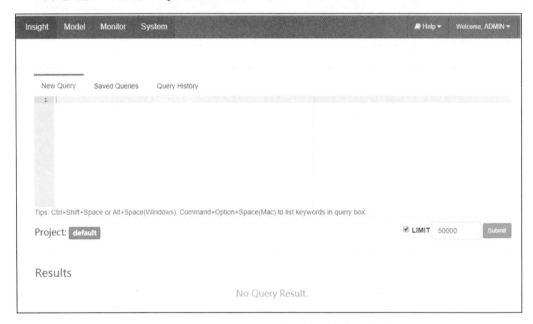

图 4-16　Kylin 提供 SQL 查询和基本的结果可视化

6. Kylin 技术特性总结

Kylin 技术特性可以归纳为：千亿数据，亚秒级查询延迟，标准 SQL，交互式分析，水平扩展，从容应对高并发，非侵入式部署，可扩展架构，快速实施，无须编码，无缝集成，兼容主流 BI 工具，如图 4-17 所示。

图 4-17　Kylin 技术特性

7. Kylin 查询性能提升

相比关系型数据库，Kylin 的查询性能有明显的提升，如图 4-18 所示。

网易Kylin生产环境性能测试数据（从Mondrian/Oracle迁移到Hadoop/Kylin）

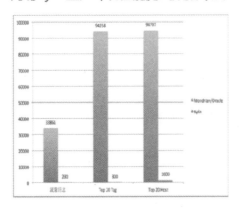
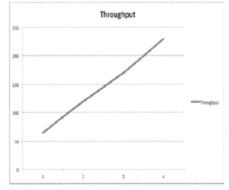

查询性能提升 60~300 倍，线性扩展能力再次得到证明

图 4-18　Kylin 的查询性能

8. Kylin 和 Oracle 性能比较

详细的性能比较如图 4-19 所示。

	之前：Oracle Exadata一体机	现状：Kylin/Hadoop集群
成本	满配Exadata一体机，2000多万，不含维保	实现同样需求只要70节点集群，成本在400万左右
数据规模	只能满足TB级别数据分析	支持PB级别分析，能够做到以往做不到的明细数据分析和应用
数据加工	分析模型运算过程超过8小时，客户担心数据量激增后无法满足进一步需求	同样任务Kylin只要40分钟
查询性能	查询性能在秒级到几十秒	Kylin只需要几秒甚至毫秒级
扩展性	可扩展性差，无法水平扩展	易于水平扩展，增加节点即可
未来发展	专有技术，外企产品，未来收到限制	基于开源技术，符合公司未来架构发展规划
结论	基于Kylin的大数据分析瓶太大大降低了总体拥有成本，并能在此基础上为客户提供远超传统数据仓库分析的数量级和能力，并同时提供更加快速的计算和查询性能	

图 4-19　Kylin 和 Oracle 性能比较

9. Kylin 查询性能总结

Kylin 查询性能总结如图 4-20 所示。

数据量
eBay：单数据模型超过千亿+
百度地图：用户行为数据超过百亿规模
广东移动：百亿+/天
美团：外卖数据
网易：云音乐、考拉

查询性能
eBay：90%<1.18s
美团：95%<1s，99%<3s
网易：比Oracle解决方案快百倍以上
北京移动：比SparkSQL快36倍

用户案例
100+国际国内知名公司生产应用验证
来自中国的顶级开源项目
最佳开源大数据工具奖

成本
eBay：从Teradata迁移到Kylin/Hadoop
唯品会：从Greenplum迁移到Kylin/Hadoop
国美：一个月内生产系统上线

图 4-20　Kylin 查询性能

4.3.3　Kylin 的最新特性

1. 可扩展的插件架构

Kylin 的最新版本 1.5.x 引入了不少让人期待的新功能，可扩展架构将 Kylin 的 3 大依赖（数据源、Cube 引擎、存储引擎）彻底解耦。Kylin 将不再直接依赖于 Hadoop/HBase/Hive，而是把 Kylin 作为一个可扩展的平台暴露抽象接口，具体的实现以插件的方式指定所用的数据源、引擎和存储。原理如图 4-21 所示。

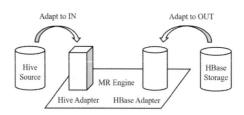

图 4-21　Kylin 原理图

开发者和用户可以通过定制开发，将 Kylin 接入除 Hadoop/HBase/Hive 以外的大数据系统，比如用 Kafka 代替 Hive 作为数据源，用 Spark 代替 MapReduce 作为计算引擎，用 Cassandra 代替 HBase 作为存储，这一切都将变得更为简单。这也保证了 Kylin 可以随平台技术一起演进，紧跟技术潮流。流程图如图 4-22 所示。

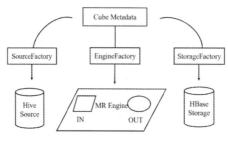

图 4-22　Kylin 流程图

2. 查询性能提速

在 Kylin 1.5.x 中还对 HBase 存储结构进行了调整，将大的 Cuboid 分片存储，将线性扫描改良为并行扫描。基于上万查询进行测试对比的结果显示，分片的存储结构能够极大地提速原本较慢的查询 5~10 倍，但对原本较快的查询提速不明显，综合起来平均提速为 2 倍左右。架构如图 4-23 所示。

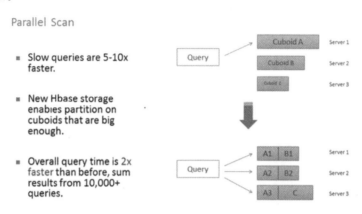

图 4-23　Kylin 1.5.x 的架构图

3. 引入 Fast cubing 算法

除此之外，1.5.x 还引入了 Fast cubing 算法，利用 Mapper 端计算先完成大部分聚合，再将聚合后的结果交给 Reducer，从而降低对网络瓶颈的压力。对 500 多个 Cube 任务的实验显示，引入 Fast cubing 后，总体的 Cube 构建任务提速 1.5 倍。算法的原理如图 4-24 所示。

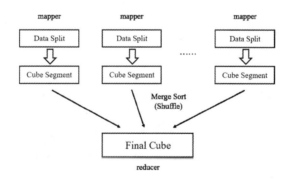

图 4-24　Fast cubing 算法

4.4　大数据仓库 Hive

4.4.1　Hive 简介

1. Hive 是什么

● Hive 是构建在 Hadoop 之上的数据仓库平台。

● Hive 是一个 SQL 解析引擎,将 SQL 语句转译成 MapReduce 作业,并在 Hadoop 上执行。

● Hive 表是 HDFS 的一个文件目录,一个表名对应一个目录名。若有分区表的话,则分区值对应子目录名。

2. Hive 的历史由来

Hive 是由 Facebook 开发的,是构建于 Hadoop 集群之上的数据仓库应用。2008 年 Facebook 将 Hive 项目贡献给 Apache,成为开源项目。目前最新版本 Hive 是 2.x。

Facebook 数据仓库技术的发展史如图 4-25 所示。

图 4-25　Facebook 数据仓库技术的发展史

4.4.2　Hive 体系结构

1. Hive 在 Hadoop 中的位置

Hive 在整个 Hadoop 的位置如图 4-26 所示。

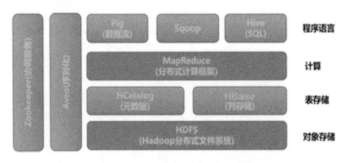

图 4-26　Hive 在 Hadoop 中的位置

2. Hive 设计特征

Hive 作为 Hadoop 的数据仓库处理工具,它所有的数据都存储在 Hadoop 兼容的文件系统中。Hive 在加载数据过程中不会对数据进行任何的修改,只是将数据移动到 HDFS 中 Hive 设定的目录下。因此,Hive 不支持对数据的改写和添加,所有的数据都是在加载的时候确定的。

Hive 的设计特点如下:

- 支持索引，以加快数据查询。
- 不同的存储类型，例如纯文本文件、HBase 中的文件。
- 将元数据保存在关系型数据库中，减少了在查询中执行语义检查时间。
- 可以直接使用存储在 Hadoop 文件系统中的数据。
- 内置大量用户函数 UDF 来操作时间、字符串和其他的数据挖掘工具，支持用户扩展 UDF。
- 由自定义函数来完成内置函数无法实现的操作。
- 类 SQL 的查询方式，可以将 SQL 查询转换为 MapReduce 作业(Job)的任务在 Hadoop 集群上执行，也可以将 SQL 转换成 Spark、Tez 等计算框架可执行的代码，并将计算任务最终由这些计算框架来完成。
- 编码与 Hadoop 同样使用 UTF-8 字符集。

3. Hive 体系构成

（1）用户接口
- CLI：CLI 启动的时候，会同时启动一个 Hive 副本。
- JDBC 客户端：封装了 Thrift 和 Java 应用程序，可以通过指定的主机和端口连接到另一个进程中运行的 Hive 服务器。
- ODBC 客户端：ODBC 驱动允许支持 ODBC 协议的应用程序连接到 Hive。
- WUI 接口：可以通过浏览器访问 Hive。

（2）Thrift 服务器
Thrift 基于 Socket 通信，支持跨语言。Hive Thrift 服务简化了在多种编程语言中运行 Hive 的命令。绑定支持 C++、Java、PHP、Python 和 Ruby 语言。

（3）解析器
- 编译器完成 HQL 语句从语法分析、编译、优化以及执行计划的生成。
- 优化器是一个演化组件。
- 执行器会顺序执行所有的作业（Job）。如果任务链不存在依赖关系，可以采用并发执行的方式执行作业。

（4）元数据库
Hive 的数据由两部分组成：数据文件和元数据。元数据用于存放 Hive 库的基础信息，它存储在关系型数据库中，如 MySQL、Derby。元数据包括数据库信息、表的名字、表的列、表分区及其属性、表的属性、表的数据所在目录等。

（5）Hadoop
Hive 的数据文件存储在 HDFS 中，大部分的查询由 MapReduce 完成（对于包含 * 的查询，比如 select * from tbl 不会生成 MapRedcue 作业）。

4. Hive 的运行机制

Hive 运行机制的流程图如图 4-27 所示。

- 用户通过用户接口连接 Hive，发布 Hive SQL。
- Hive 解析查询并制定查询计划。
- Hive 将查询转换成 MapReduce 作业。
- Hive 在 Hadoop 上执行 MapReduce 作业。

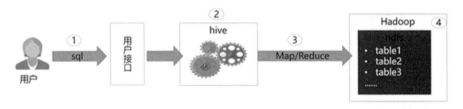

图 4-27　Hive 的运行机制流程图

5. Hive 编译器的运行机制

Hive 编译器的运行机制是 Hive 的核心，具体如图 4-28 所示。

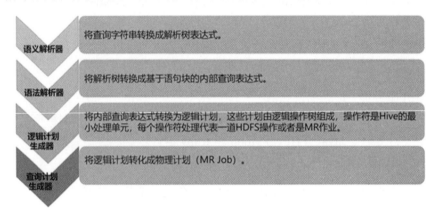

图 4-28　Hive 编译器的运行机制

4.4.3　Hive 数据存储模型

1. Hive 的基本数据类型

Hive 的基本数据类型，如表 4-4 所示。

表 4-4　Hive 的基本数据类型

基本类型	大小	描述
TINYINT	1 个字节	有符号整数
SMALLINT	2 个字节	有符号整数
INT	4 个字节	有符号整数
BIGINT	8 个字节	有符号整数

（续表）

基本类型	大小	描述
STRING	最大 2GB	字符串，类似 SQL 中的 VARCHAR 类型
FLOAT	4 个字节	单精度浮点型
DOUBLE	8 个字节	双精度浮点型
BOOLEAN	~	TRUE/FALSE

2. Hive 的复杂数据类型

复杂的数据类型，如表 4-5 所示。

表 4-5　Hive 的复杂数据类型

复杂类型	大小	描述
MAP	不限	一组有序字段，字段类型必须相同
ARRAY	不限	无须"键-值对"，键值内部字段类型必须相同
STRUCT	不限	一组字段，字段类型可以不同

3. Hive 元数据库表简介

Hive 元数据库表的描述，如表 4-6 所示。

表 4-6　Hive 元数据库表的描述

表名	说明	关联键
DBS	元数据库信息，存放 HDFS 路径信息	DB_ID
TBLS	所有 Hive 表的基本信息	TBL_ID, SD_ID, DB_ID
TABLE_PARAM	表级属性，如是否为外部表、表注释等	TBL_ID
COLUMNS_V2	Hive 表字段信息（字段注释、字段名、字段类型、字段序号）	CD_ID
SDS	所有 Hive 表、表分区所对应的 HDFS 数据目录和数据格式	SD_ID, SERDE_ID
SERDES	Hive 表的序列化类型	SERDE_ID
SERDE_PARAM	序列化反序列化信息，如行分隔符、列分隔符、NULL 的表示字符等	SERDE_ID
PARTITIONS	Hive 表分区信息	PART_ID, SD_ID, TBL_ID
PARTITION_KEYS	Hive 分区表分区键	TBL_ID
PARTITION_KEY_VALS	Hive 表分区名（键值）	PART_ID
SEQUENCE_TABLE	保存 Hive 对象的下一个可用 ID,包括数据库、表、字段、分区等对象的下一个 ID。默认 ID 每次+5	SEQUENCE_NAME, NEXT_VAL

4. Hive 的数据存储模型

Hive 的数据存储模型，如图 4-29 所示。

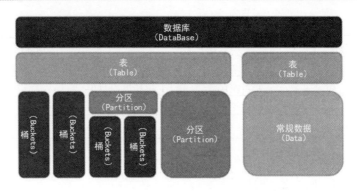

图 4-29　Hive 的数据存储模型

5. Hive 的数据模型

（1）Hive 数据库

类似传统数据库的 Database，在元数据库里实际是一张表。对应于 HDFS 上数据仓库目录下的一个文件夹。数据仓库的目录路径由 hive-site.xml 的参数指定。

创建数据库示例：create database 数据库名。

元数据库中查询数据库列表（select * from dbs;），如图 4-30 所示。

```
1 ● select * from dbs;
```

DB_ID	DESC	DB_LOCATION_URI	NAME	OWNER_NAME	OWNER_TYPE
1	Default Hive database	hdfs://mycluster/apps/hive/warehouse	default	public	ROLE
6	test	hdfs://mycluster/apps/hive/warehouse/project_1215.db	project_1215	hdfs	USER
7	test	hdfs://mycluster/apps/hive/warehouse/project_test1.db	project_test1	hdfs	USER
8	testhive110	hdfs://mycluster/apps/hive/warehouse/liu_hive110.db	liu_hive110	hdfs	USER
10	222	hdfs://mycluster/apps/hive/warehouse/test222.db	test222	hdfs	USER
11	ceshishanchu	hdfs://mycluster/apps/hive/warehouse/testdel.db	testdel	hdfs	USER

图 4-30　元数据库中查询数据库列表

（2）内部表

内部表与关系型数据库中的表（Table）在概念上类似。每一个表在 Hive 中都有一个相应的目录存储数据。所有的表数据（不包括外部表，即 External Table）都保存在这个目录中。删除表时，元数据与数据都会被删除，结果如图 4-31 所示。

```
1 ● select * from tbls where db_id='116';
```

TBL_ID	CREATE_TIME	DB_ID	LAST	OWNER	RETENTI	SD_ID	TBL_NAME	TBL_TYPE
263	1427482286	116	0	hdfs	0	424	person_bucket	MANAGED_TABLE
267	1427552209	116	0	hdfs	0	432	person_inside	MANAGED_TABLE
268	1427552417	116	0	hdfs	0	433	person_part	MANAGED_TABLE
269	1427552758	116	0	hdfs	0	435	person_ext	EXTERNAL_TABLE
NULL	NULL	NULL	NULL	NULL	NULL	NULL	NULL	NULL

图 4-31　元数据与数据都会被删除

（3）外部表

外部表（External Table）指向已经在 HDFS 中存在的数据，可以创建分区（Partition）。它和内部表在元数据的组织上是相同的，而实际数据的存储则有较大的差异。内部表的创建和数据加载这两个过程可以分别独立完成，也可以在同一个语句中完成。在加载数据的过程中，实际数据会被移动到数据仓库目录中；之后对数据访问将会直接在数据仓库目录中完成。删除表时，表中的数据和元数据将会被同时删除。而外部表只有一个过程，加载数据和创建表同时完成（CREATE EXTERNAL TABLE…LOCATION），实际数据是存储在 LOCATION 后面指定的 HDFS 路径中，并不会移动到数据仓库目录中。当删除一个外部表时，仅删除该链接。

（4）分区

分区（Partition）对应于关系型数据库中分区列的密集索引，但是 Hive 中分区的组织方式和数据库中的很不相同。在 Hive 中，表中的一个分区对应于表下的一个目录，所有的分区数据都存储在对应的目录中。例如，pvs 表中包含 ds 和 city 两个分区，则对应于 ds = 20090801，city= jinan 的 HDFS 子目录为/wh/pvs/ds=20090801/city=jinan。

（5）桶

桶（Bucket）将表的列通过哈希（Hash）算法进一步分解成不同的文件存储。它对指定列计算哈希值，根据哈希值切分数据，目的是为了并行，每一个桶对应一个文件。分区是粗粒度的划分，桶是细粒度的划分，这样做是为了让查询发生在小范围的数据上，以便提高效率。适合进行表连接查询，也适合用于采样分析。

例如将 user 列分散至 32 个桶，首先对 user 列的值计算哈希，则对应哈希值为 0 的 HDFS 目录为/wh/pvs/ds=20090801/ctry=US/part-00000；对应哈希值为 20 的 HDFS 目录为/wh/pvs/ds=20090801/ctry=US/part-00020。如果想应用于很多的 Map 任务，这样是不错的选择。

（6）Hive 的视图

视图与传统数据库的视图类似。视图是只读的，它基于的基本表，如果改变，数据增加不会影响视图的呈现；如果删除，就会出现问题。如果不指定视图的列，就会根据 select 语句生成视图。视图的简单示例如下：

创建表：create view test_view as select * from test。

查看数据：select * from test_view。

4.4.4 Hive 应用场景

1. Hive 的优势

（1）解决了传统关系型数据库在大数据处理上的瓶颈，适合大数据的批量处理。

（2）充分利用集群的 CPU 计算资源、存储资源，实现并行计算。

（3）Hive 支持标准 SQL 语法，免去了编写 MR 程序的过程，减少了开发成本。

（4）具有良好的扩展性，拓展功能方便。

（5）可自定义函数，实现对复杂逻辑的处理。

（6）具备较好的容错性，若出现单个数据节点的故障，任务可以正常进行。

2. Hive 的缺点

（1）Hive 的 HQL 表达能力有限：有些复杂运算用 HQL 不易表达。

（2）Hive 效率低：Hive 自动生成 MR 作业，通常不够智能。HQL 调优困难，粒度较粗，可控性差。

（3）Hive 无法满足交互式查询分析的性能要求。

（4）不支持事务型任务。

（5）对数据挖掘能力的支持有限。

针对 Hive 运行效率低下的问题，促使人们去寻找一种更快、更具交互性的分析框架。Spark SQL 的出现则有效地提高了 SQL 在 Hadoop 上的分析运行效率。

3. Hive 的应用场景

适用场景：海量数据的存储处理，数据挖掘，海量数据的离线分析。

不适用场景：复杂的机器学习算法，复杂的科学计算，联机交互式实时查询。

4.5 NoSQL 数据库

4.5.1 NoSQL 简介

NoSQL 概念在 2009 年被提出来，最常见的解释是 non-relational、Not Only SQL 也被很多人所接受。NoSQL 被我们用得最多的当数 Key-Value 存储，当然还有其他的文档型的、列存储、图形数据库、XML 数据库等。在 NoSQL 概念被提出来之前，这些数据库就被用于各种系统当中，但是却很少用于 Web 互联网应用，比如 cdb、qdbm、bdb 数据库。

传统的关系型数据库具有不错的性能，稳定性高，久经历史考验，而且使用简单，功能强大，同时也积累了大量的成功案例。在互联网领域，MySQL 成为绝对靠前的王者，毫不夸张地说，MySQL 为互联网的发展做出了卓越的贡献。在 20 世纪 90 年代，一个网站的访问量一般都不大，用单个数据库完全可以轻松应付。在那个时候，更多的都是静态网页，动态交互类型的网站不多。到了最近 10 年，网站开始快速发展。火爆的论坛、博客、SNS、微博逐渐引领 Web 领域的潮流。在初期，论坛的流量其实也不大，接触网络比较早的人，可能还会记得那个时候还有文本型存储的论坛程序，可以想象一般的论坛的流量有多大。

后来，随着访问量的上升，几乎大部分使用 MySQL 架构的网站，在数据库上都开始出现了性能问题，Web 程序不再仅仅专注在功能上，同时也在追求性能。程序员们开始大量地使用缓存技术来缓解数据库的压力，优化数据库的结构和索引。开始比较流行的是通过文件缓存来缓解数据库的压力，但是当访问量继续增大的时候，多台 Web 机器通过文件缓存不能共享，大量的小文件缓存也带了比较高的 IO 压力。在这个时候，Memcached 就自然成为一个非常时尚的技术产品。

Memcached 作为一个独立的分布式的缓存服务器，为多个 Web 服务器提供了共享的高性能缓存服务，在 Memcached 服务器上，又发展了根据哈希算法来进行多台 Memcached 缓存服务的扩展，然后又出现了一致性哈希来解决增加或减少缓存服务器导致重新哈希带来的大量缓存失效的弊端。

MySQL 主-从（Master-Slave）读写分离。由于数据库的写入压力增加，Memcached 只能缓解数据库的读取压力。读写集中在一个数据库上让数据库不堪重负，大部分网站开始使用主-从复制技术来达到读写分离，以提高读写性能和读库的可扩展性。MySQL 的主-从模式成为这个时候的网站标配了。

分表分库。随着 Web 2.0 的继续高速发展，在 Memcached 的高速缓存、MySQL 的主-从复制与读写分离的基础之上，这时 MySQL 主库的写压力开始出现瓶颈，而数据量的持续猛增，由于 MyISAM 使用表锁，在高并发下会出现严重的锁问题，大量的高并发 MySQL 应用开始使用 InnoDB 引擎代替 MyISAM。同时，开始流行使用分表分库来缓解压力和数据增长的扩展问题。这个时候，分表分库成了一个热门技术，是业界讨论的热门技术问题。也就在这个时候，MySQL 推出了还不太稳定的表分区，这也给技术实力一般的公司带来了希望。虽然 MySQL 推出了 MySQL Cluster 集群，但是由于在互联网几乎没有成功案例，性能也不能满足互联网的要求，只是在高可靠性上提供了非常大的保证。

MySQL 数据库也经常存储一些大文本字段，导致数据库表非常的大，在做数据库恢复的时候就非常慢，不容易快速恢复数据库。比如 1000 万 4KB 大小的文本就接近 40GB 的大小，如果能把这些数据从 MySQL 省去，MySQL 将变得非常的小。

关系型数据库很强大，但是它并不能很好地应付所有的应用场景。MySQL 的扩展性差（需要复杂的技术来实现），大数据下 IO 压力大，表结构更改困难，正是当前使用 MySQL 的开发人员面临的问题。

关系型数据库面临的问题：

（1）扩展困难：由于存在类似 Join 这样多表查询机制，使得数据库在扩展方面很艰难。

（2）读写慢：这种情况主要发生在数据量达到一定规模时，由于关系型数据库的系统逻辑非常复杂，使得其非常容易发生死锁等并发问题，所以导致其读写速度下滑非常严重。

（3）成本高：企业级数据库的 License 价格很惊人，并且随着系统的规模而不断上升。

（4）有限的支撑容量：现有关系型解决方案还无法支撑 Google 这样海量的数据存储。

数据库访问的新需求：

（1）低延迟的读写速度：应用的快速反应能极大地提升用户的满意度。

（2）支撑海量的数据和流量：对于搜索这样的大型应用而言，需要利用 PB 级别的数据和能应对百万级的流量。

（3）大规模的集群的管理：系统管理员希望分布式应用能更简单的部署和管理。

（4）庞大运营成本的考量：IT 经理们希望在硬件成本、软件成本和人力成本能够有大幅度地降低。

NoSQL 数据库的共有原则包含以下几个方面：

（1）假设失效是必然发生的。NoSQL 实现都是建立在硬盘、机器和网络都会失效这些假设之上，我们不能彻底阻止这些失效，而是需要让系统即使在非常极端的条件下也能应付这些失效。

（2）对数据进行分区。最小化失效带来的影响，也将读写操作的负载分布到了不同的机器上。

（3）保存同一数据的多个副本。大部分 NoSQL 实现都基于数据副本的热备份来保证连续的高可用性，一些实现提供了 API，可以控制副本的复制，也就是说当存储了一个对象的时候，可以在对象级指定希望保存的副本数。

（4）查询支持。在这个方面不同的实现有本质的区别，不同实现的一个共性在于哈希表中的 Key-Value 匹配。

下面对比一下关系型数据库和 NoSQL。

（1）关系型数据库：表都是存储一些格式化的数据结构，每个元组字段的组成都一样，即使不是每个元组都需要所有的字段，但数据库会为每个元组分配所有的字段，这样的结构可以便于表与表之间进行连接等操作。分布式关系型数据库中强调的 ACID 分别是：原子性（Atomicity）、一致性（Consistency）、隔离性（Isolation）、持久性（Durability）。ACID 的目的就是通过事务支持，保证数据的完整性和正确性。

（2）NoSQL：以"键-值对"存储，它的结构不固定。每一个元组可以有不一样的字段，可以根据需要增加一些自己的键值对，不会局限于固定的结构，以减少一些时间和空间的开销。对于许多互联网应用来说，一致性的要求可以降低，而可用性（Availability）的要求则更为明显，从而产生了弱一致性的理论 BASE。BASE 分别是英文 Basically、Available、Soft-state、Eventual Consistency 的缩写，这个模型是反 ACID 模型。

NoSQL 的优点表现在以下几个方面：

- 简单的扩展。典型例子是 Cassandra，由于其架构是类似于经典的 P2P，所以能通过轻松地添加新的节点来扩展这个集群。
- 快速的读写。主要例子有 Redis，由于其逻辑简单，而且纯内存操作，使得其性能非常出色，单节点每秒可以处理超过 10 万次读写操作。
- 低廉的成本。这是大多数分布式数据库共有的特点，因为主要都是开源软件，没有昂贵的 License 成本。

不足之处表现在以下几个方面：

- 不提供对 SQL 的支持。如果不支持 SQL 这样的工业标准，将会对用户产生一定的学习和应用迁移成本。
- 支持的特性不够丰富。现有产品所提供的功能都比较有限，大多数 NoSQL 数据库都不支持事务，也不像 SQL Server 和 Oracle 那样能提供各种附加功能，比如 BI 和报表等。

● 现有产品不够成熟。大多数产品都还处于初创期，和关系型数据库几十年的完善不可同日而语。

NoSQL 数据库的出现，弥补了关系型数据库（比如 MySQL）在某些方面的不足，在某些方面能极大地节省开发成本和维护成本。

MySQL 和 NoSQL 都有各自的特点和使用的应用场景，两者的紧密结合将会给 Web 2.0 的数据库发展带来新的思路。让关系型数据库关注在关系上，NoSQL 关注在存储上。

4.5.2 NoSQL 在系统架构中的应用

1. 以 NoSQL 为辅

（1）NoSQL 作为镜像

● 不改变原有的以 MySQL 作为存储的架构，使用 NoSQL 作为辅助镜像存储，用 NoSQL 的优势辅助提升性能。
● 在原有基于 MySQL 数据库的架构上增加了一层辅助的 NoSQL 存储。
● 在写入 MySQL 数据库后，同时写入到 NoSQL 数据库，让 MySQL 和 NoSQL 拥有相同的镜像数据。
● 在某些可以根据主键查询的地方，使用高效的 NoSQL 数据库查询。

以 NoSQL 作为镜像的模式如图 4-32 所示。

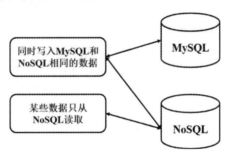

图 4-32　以 NoSQL 作为镜像的模式

（2）NoSQL 为镜像（同步模式）

● 通过 MySQL 把数据同步到 NoSQL 中，是一种对写入透明但是具有更高技术难度模式。
● 适用于现有的比较复杂的老系统，通过修改代码不易实现，可能引起新的问题。同时也适用于需要把数据同步到多种类型的存储中。

以 NoSQL 作为同步模式镜像的模式如图 4-33 所示。

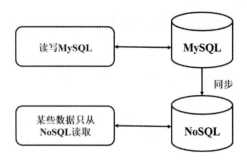

图 4-33　以 NoSQL 作为同步模式镜像的模式

（3）MySQL 和 NoSQL 组合

- MySQL 中只存储需要查询的小字段，NoSQL 存储所有数据。
- 把需要查询的字段，一般都是数字、时间等类型的小字段存储于 MySQL 中，根据查询建立相应的索引。
- 其他不需要的字段，包括大文本字段都存储在 NoSQL 中。
- 在查询的时候，我们先从 MySQL 中查询出数据的主键，然后从 NoSQL 中直接取出对应的数据即可。

MySQL 和 NoSQL 组合的模式如图 4-34 所示。

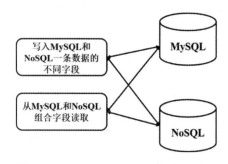

图 4-34　MySQL 和 NoSQL 组合的模式

2. 以 NoSQL 为主

（1）纯 NoSQL 架构

在一些数据结构、查询关系非常简单的系统中，我们可以只使用 NoSQL 就能解决存储问题。在一些数据库结构经常变化、数据结构不定的系统中，也非常适合使用 NoSQL 来存储。比如监控系统中的监控信息的存储，可能每种类型的监控信息都不太一样。有些 NoSQL 数据库已经具有部分关系型数据库的关系查询特性，它们的功能介于 Key-Value 和关系型数据库之间，却具有 Key-Value 数据库的性能，基本能满足绝大部分 Web 2.0 网站的查询需求。纯 NoSQL架构如图 4-35 所示。

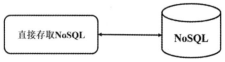

图 4-35　纯 NoSQL 架构

（2）以 NoSQL 为数据源的架构

数据直接写入 NoSQL，再通过 NoSQL 同步协议复制到其他存储，根据应用的逻辑来决定到相应的存储获取数据。应用程序只负责把数据直接写入到 NoSQL 数据库，然后通过 NoSQL 的复制协议，把 NoSQL 数据的每次写入、更新和删除操作都复制到 MySQL 数据库中。同时，也可以通过复制协议把数据同步复制到全文检索工具中，以实现强大的检索功能。这种架构需要考虑数据复制的延迟问题，这和使用 MySQL 的主-从模式的延迟问题是一样的，解决方法也一样。以 NoSQL 为数据源的架构如图 4-36 所示。

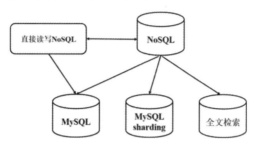

图 4-36　以 NoSQL 为数据源的架构

3. 以 NoSQL 为缓存

由于 NoSQL 数据库天生具有高性能、易扩展的特点，因此我们常常结合关系型数据库，存储一些高性能的、海量的数据。从另外一个角度看，根据 NoSQL 的高性能特点，它同样适合用于缓存数据。用 NoSQL 缓存数据可以分为内存模式和磁盘持久化模式。

（1）内存模式

- Memcached 提供了相当高的读写性能，在互联网发展过程中，一直是缓存服务器的首选。
- NoSQL 数据库 Redis 又为我们提供了功能更加强大的内存存储功能。跟 Memcached 比，Redis 的一个键（Key）的可以存储多种数据结构 Strings、Hashes、Lists、Sets、Sorted sets。
- Redis 不但功能强大，而且它的性能完全超越大名鼎鼎的 Memcached。
- Redis 支持列表（List）、哈希（Hash）等多种数据结构的功能，提供了更加易于使用的 API 和操作性能，比如对缓存的列表数据的修改。

（2）持久化模式

- 虽然基于内存的缓存服务器具有高性能，低延迟的特点，但是内存成本高、内存数据易失的问题却不容忽视。
- 大部分互联网应用的特点都是有数据访问热点，也就是说只有一部分数据是被频繁访问的。
- 其实 NoSQL 数据库内部也是通过内存缓存来提高性能的，通过一些比较好的算法。
- 使用 NoSQL 来做缓存，由于其不受内存大小的限制，我们可以把一些不常访问、不怎么更新的数据也缓存起来。

4.6 键-值存储数据库 Memcached、Redis

4.6.1 Redis 基本介绍

Redis 从 2008 年开始开发，到 2009 年完成，作者是 Salvatore Sanfilippo。Redis 官网是这么描述的：Redis is an open source, advanced key-value store. It is often referred to as a data structure server since keys can contain strings, hashes, lists, sets and sorted sets。Redis 是一个开源的、使用 ANSI C（即标准 C）语言编写、支持网络、可基于内存亦可持久化的日志型、键-值（Key-Value）数据库，并提供多种语言的 API。从 2010 年 3 月 15 日起，Redis 的开发工作由 VMware 主持。

Redis 有如下几个特点：

（1）速度快。Redis 使用标准 C 编写实现，而且将所有数据加载到内存中，所以速度非常快。官方提供的数据表明，在一个普通的 Linux 机器上，Redis 读写速度分别达到 81000 次/秒和 110000 次/秒。

（2）持久化。由于所有数据保持在内存中（2.0 版本开始可以只将部分数据的值（Value）放在内存），因此对数据的更新将异步地保存到磁盘上，Redis 提供了一些策略来保存数据，比如根据时间或更新次数。

（3）数据结构。可以将 Redis 看作"数据结构服务器"，目前 Redis 支持 5 种数据结构。

（4）原子操作。Redis 对不同数据类型的操作是原子的，因此设置或增加 Key 值，从一个集合中增加或删除一个元素都能安全地操作。

（5）支持多种语言。Redis 支持多种语言，诸如 Ruby、Python、Python、PHP、Erlang、Tcl、Perl、Lua、Java、Scala、Clojure 等。

（6）主-从复制。Redis 支持简单而快速的主-从复制，官方提供了一个数据，从（Slave）在 21 秒即完成了对 Amazon 网站 10GB 键集（Key Set）的复制。

（7）Sharding。很容易将数据分布到多个 Redis 实例中，但这主要看所使用的语言是否支持，目前支持 Sharding 功能的语言只有 PHP、Ruby 和 Scala。

Redis 包括以下几个适用场景：

● 数据结构不固定的半结构化数据。
● 读写请求数量大且实时性要求高。
● 后台 RDB 数据库压力大，需要缓存的情况。
● 数据结构复杂，需要与应用程序内数据结构相对应的情况。

4.6.2 Redis 命令总结

本节对 Redis 中对 Value、String、List、Set、Hash 等操作的命令进行了总结。

1. 对 Value 操作的命令

- exists（key）：确认一个 key 是否存在。
- del（key）：删除一个 key。
- type（key）：返回值的类型。
- keys（pattern）：返回满足给定 pattern 的所有 key。
- randomkey：随机返回 key 空间的一个 key。
- rename（oldname, newname）：将 key 由 oldname 重命名为 newname，若 newname 存在则删除 newname 表示的 key。
- DBsize：返回当前数据库中 key 的数目。
- expire：设定一个 key 的活动时间（s）。

2. 对 String 操作的命令

- set（key, value）：给数据库中名称为 key 的 string 赋予值 value。
- get（key）：返回数据库中名称为 key 的 string 的 value。
- getset（key, value）：给名称为 key 的 string 赋予上一次的 value。
- mget（key1, key2,…, key N）：返回库中多个 string（它们的名称为 key1, key2,…）的 value。
- setnx（key, value）：如果不存在名称为 key 的 string，则向库中添加 string，名称为 key，值为 value。
- setex（key, time, value）：向库中添加 string（名称为 key，值为 value）同时，设定过期时间 time。
- mset（key1, value1, key2, value2,…,key N, value N）：同时给多个 string 赋值，名称为 key i 的 string 赋值 value i。
- decr（key）：名称为 key 的 string 减 1 操作。
- decrby（key, integer）：名称为 key 的 string 减少 integer。

3. 对 List 操作的命令

- rpush（key, value）：在名称为 key 的列表（List）尾添加一个值为 value 的元素。
- lpush（key, value）：在名称为 key 的列表头添加一个值为 value 的元素。
- llen（key）：返回名称为 key 的列表的长度。
- lrange（key, start, end）：返回名称为 key 的列表中 start 至 end 之间的元素（下标从 0 开始，下同）。
- ltrim（key, start, end）：截取名称为 key 的列表，保留 start 至 end 之间的元素。
- lindex（key, index）：返回名称为 key 的列表中 index 位置的元素。

4. 对 Set 操作的命令

- sadd（key, member）：向名称为 key 的集合（Set）中添加元素 member。
- srem（key, member）：删除名称为 key 的集合中的元素 member。

- spop（key）：随机返回并删除名称为 key 的集合中一个元素。
- smove（srckey, dstkey, member）：将 member 元素从名称为 srckey 的集合移到名称为 dstkey 的集合。
- scard（key）：返回名称为 key 的集合的基数。
- sismember（key, member）：测试 member 是否是名称为 key 的集合的元素。

5. 对 Hash 操作的命令

- hset（key, field, value）：向名称为 key 的哈希表中添加元素 field←→value。
- hget（key, field）：返回名称为 key 的哈希表中 field 对应的 value。
- hmget（key, field1,…,field N）：返回名称为 key 的哈希表中 field i 对应的 value。
- hmset(key, field1, value1,…,field N, value N)：向名称为 key 的哈希表中添加元素 field ←→value i。
- hincrby（key, field, integer）：将名称为 key 的哈希表中 field 的 value 增加 integer。
- hexists（key, field）：名称为 key 的哈希表中是否存在键为 field 的字段。
- hdel（key, field）：删除名称为 key 的哈希表中键为 field 的字段。

4.7 面向文档数据库 MongoDB 介绍

4.7.1 MongoDB 简介

MongoDB 是一个分布式文件存储数据库，是由 C++语言编写的开源项目，它是 NoSQL 中功能最丰富、最像关系型数据库的一个产品。MongoDB 支持的数据结构非常松散，是类似 JSON 的 BSON 格式，因此可以存储比较复杂的数据模型。它支持的查询语言非常强大，其语法有点类似于面向对象的查询语言，而且还支持索引、MapReduce 等功能。

MongoDB 包括以下几个主要特点：

- 高性能、易部署、易使用，存储数据方便。
- 模式自由，支持动态查询、完全索引、文档内嵌查询。
- 面向文档，以 Key-Value 形式存储数据，Key 用于唯一标识，而 Value 则可以是各种复杂的数据类型。
- 支持主-从服务器间的数据复制和故障恢复。
- 自动分片，以支持云级别的服务伸缩性，可动态添加、删除额外的服务器。

MongoDB 包括以下几个适用场景：

- 网站动态数据，需要实时的插入，更新与查询。
- 可以做高性能的持久化缓存层。
- 存储大尺寸，低价值的数据。

- 高伸缩性的集群场景。
- 文档化结构的数据存储及查询。

MongoDB 应用广泛，用户遍布各行业，如图 4-37 所示。

图 4-37　MongoDB 应用广泛

4.7.2　MongoDB 深入剖析

MongoDB 是一个由 C++语言编写的、基于分布式文件存储的数据库，旨在为 Web 应用提供可扩展的高性能数据存储解决方案。MongoDB 是一个介于关系型数据库和非关系型数据库之间的产品，是非关系型数据库当中功能最丰富、最像关系型数据库的数据库。它支持的数据结构非常松散，是类似 JSON 的 BSON 格式，因此可以存储比较复杂的数据类型。MongoDB 最大的特点是它支持的查询语言非常强大，其语法有点类似于面向对象的查询语言，几乎可以实现类似关系型数据库单表查询的绝大部分功能，而且还支持对数据建立索引。

MongoDB 具有高性能、易部署、易适用、存储数据非常方便等特点，其主要的功能特性有以下几个方面：

- 面向集合存储，易存储对象类型的数据。
- 模式自由。
- 使用高效的二进制数据存储，包括大型对象（如音视频等）。

- 支持 Python、PHP、Ruby、Java、C、C#、JavaScript、Perl 及 C++语言的驱动程序，社区中也提供了对 Erlang 及.NET 等平台的驱动程序。
- 文件存储格式为 BSON（一种 JSON 的扩展）。
- 完整的索引支持：包括文档内嵌对象及数组，Mongo 的查询优化器会分析查询表达式，并生成一个高效的查询计划。
- 查询监视：Mongo 包含一个监视工具，用于分析数据库操作的性能。
- 复制及自动故障转移：Mongo 数据库支持服务器之间的数据复制，支持主-从模式及服务器之间的相互复制，复制的主要目标是提供冗余及自动故障转移。
- 自动分片以支持云级别的伸缩性：自动分片功能支持水平的数据库集群，可动态添加额外的机器。

MongoDB 的适用场合包括以下几个方面：

- 网站数据：Mongo 非常适合实时地插入、更新与查询，并具备网站实时数据存储所需的复制及高度伸缩性。
- 缓存：由于性能很高，Mongo 也适合作为信息基础设施的缓存层。在系统重启之后，由 Mongo 搭建的持久化缓存层可以避免下层的数据源过载。
- 大尺寸、低价值的数据：在使用传统的关系型数据库存储一些数据时可能会比较昂贵，在此之前，很多时候程序员往往会选择传统的文件进行存储。
- 高伸缩性的场景：Mongo 非常适合由数十或数百台服务器组成的数据库，且已经包含对 MapReduce 引擎的内置支持。
- 用于对象及 JSON 数据的存储：Mongo 的 BSON 数据格式非常适合文档化格式的存储及查询。

然而 MongoDB 并不是在所有场合都适用，它不适用的场合包含以下两个方面：

- 高度事务性的系统：例如银行或会计系统，传统的关系型数据库目前还是更适用于需要大量原子性的复杂事务应用程序。
- 传统的商业智能应用：针对特定问题的 BI 数据库需要高度优化的查询方式，对于此类应用，数据仓库可能是更合适的选择。

传统的关系型数据库一般由数据库（DataBase）、表（Table）、记录（Record）三个层次的概念组成。而 MongoDB 是由数据库（DataBase）、集合（Collection）、文档对象（Document）三个层次组成。其中，集合相当于关系型数据库里的表，但是集合中没有列、行和关系概念，这体现了模式自由的特点。

4.8 实验五：Hadoop 的安装、配置及 HDFS 使用

4.8.1　本实验目标

- 该课程实践准备 Linux 的环境，实际动手操作 Hadoop 的安装，配置 Hadoop，添加和创建基本的 Hadoop 服务组件。在安装和部署过程中能自行发现当中的问题和解决问题。配置服务器各个组件的信息。
- 登录到远程的服务器，动手实际操作 HDFS 查询命令，操作 HDFS 下载和上传的一个完整例子。
- 学习该课程后，到企业里可从事的职位有数据库运维工程师、大数据开发工程师等。

4.8.2　本实验知识点

- 了解 Hadoop 的基础知识。
- 掌握安装 Hadoop 的步骤和流程。
- 掌握 Hadoop 的配置功能。
- 动手实操 HDFS 的查询命令。
- 动手实操 HDFS 上传和下载数据文件的例子。

4.8.3　项目实施过程

步骤 01　使用 FileZilla 工具上传主要安装软件。

使用 FileZilla 工具，把对应的安装软件上传到/opt/ambari/这个目录下，如图 4-38 所示。

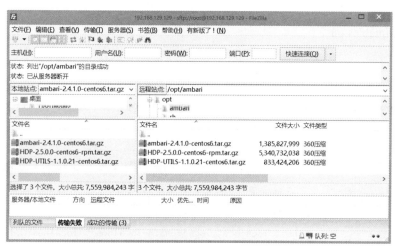

图 4-38　使用 FileZilla 工具上传主要的安装软件

步骤 02　通过 CRT 工具进入到远程环境。

使用 CRT 工具，输入 IP 地址、用户名和密码，就可以登录到 Linux 操作系统，结果如图 4-39 所示。

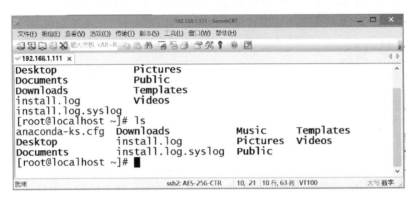

图 4-39　通过 CRT 工具进入到远程环境

步骤 03　关闭 Selinux 和 THP 和防火墙。

（1）关闭 Selinux

使用 sestatus -v 命令，查看 Selinux 状态。如果不是 disable 状态，编辑/etc/sysconfig/selinux 文件。使用 vi /etc/sysconfig/selinux 脚本，把里边的一行改为 SELINUX=disabled 并保存，然后重新启动计算机。

（2）关闭 THP

编辑 vi /etc/grub.conf 文件，在 kernel 行后面加入 transparent_hugepage=never，保存退出，重新启动计算机。

（3）关闭防火墙，永久性生效

开启：

chkconfig iptables on

关闭：

chkconfig iptables off

步骤 04　修改本机名。

通过 vi /etc/hosts 进行修改，如图 4-40 所示。

图 4-40　修改 hosts

通过 vi /etc/sysconfig/network 进行修改，如图 4-41 所示。

图 4-41　修改 network

步骤 05　安装配置本地源需要的组件。

进入 Linux 环境后，开始安装下面软件，运行下面的脚本：

```
#安装之前，需要保证能连接到外网
yum install yum-utils
yum repolist
yum install createrepo
```

安装的结果如图 4-42 所示。

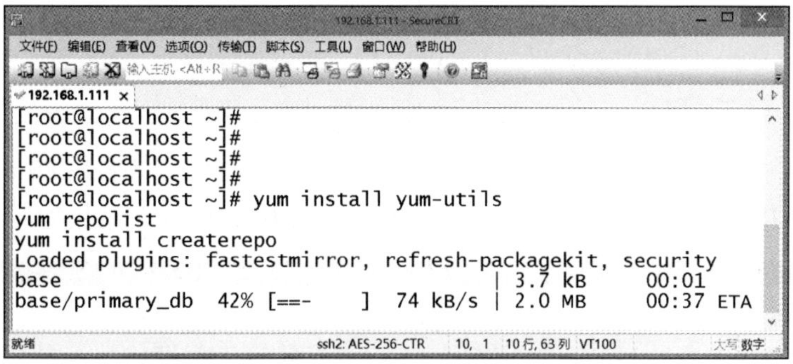

图 4-42　安装配置本地源需要的组件的结果

安装 httpd 软件，运行下面的脚本：

```
#安装httpd软件，安装完成后，会生成 /var/www/html 目录
yum install httpd
#创建目录
mkdir /var/www/html/ambari
mkdir /var/www/html/hdp
#启动httpd服务
service httpd restart
#设置httpd服务开机自动启动
chkconfig httpd on
```

安装的结果如图 4-43 所示。

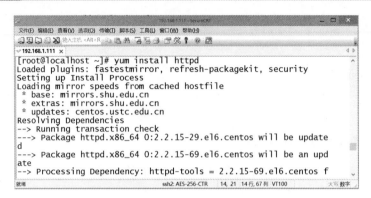

图 4-43　安装 httpd 软件的结果

步骤 06　配置 Ambari 本地源 ambari.repo。

（1）把上传的 Ambari 的 tar 包解压并复制到刚才建立的/var/www/html/ambari/目录中，运行下面的脚本：

```
#解压到指定目录
tar -xf /opt/ambari/ambari-2.4.1.0-centos6.tar.gz -C
/var/www/html/ambari/
```

在浏览器中输入下面的地址，就可以看到 Ambari 目录结构，域名后 80 表示 httpd 服务配置的端口，http://192.168.1.111:80/ambari/AMBARI-2.4.1.0/centos6/。结果如图 4-44 所示。

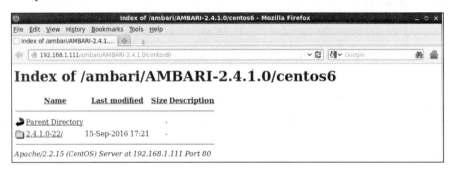

图 4-44　Ambari 目录结构

（2）连接到外网下载 ambari.repo 的软件到指定的目录下，命令如下：

```
#wget 命令
wget -nvhttp://public-repo-1.hortonworks.com/ambari/centos6/2.x/updates
/2.4.1.0/ambari
.repo -O /etc/yum.repos.d/ambari.repo
```

（3）修改 ambari.repo 文件信息，脚本如下：

```
#修改 ambari.repo 文件
vi /etc/yum.repos.d/ambari.repo
```

（4）修改后的 ambari.repo 文件信息如下：

```
#修改后的 ambari.repo 文件
[Updates-ambari-2.4.1.0]
name=ambari-2.4.1.0 -Updates
baseurl=http://hadoop/ambari/AMBARI-2.4.1.0/centos6/2.4.1.0-22
gpgcheck=1
gpgkey=http://hadoop/ambari/AMBARI-2.4.1.0/centos6/2.4.1.0-22/RPM-GPG-K
EY/RPM-GPG-KEY-Jenkins
enabled=1
priority=1
```

斜体部分为修改部分，把 baseurl 换成本地的 URL。可以通过设置 gpgcheck=0 来禁用 GPG 检查，如果不禁用，也可以把 gpgkey 修改成本地的库源。其中，INSERT-BASE-URL 为之前设置好的本地镜像 Ambari 的 URL 地址。

步骤 07　配置 HDP 本地源。

（1）把上传好的 HDP 的 tar 包复制到/var/www/html/hdp/目录中，运行下面的脚本：

```
#查看 MySQL 的用户
tar -xf /opt/ambari/HDP-2.5.0.0-centos6-rpm.tar.gz -C /var/www/html/hdp
```

在浏览器地址栏中输入网址 http://localhost/hdp/HDP/centos6/，查看 HDP 目录结构，如图 4-45 所示。

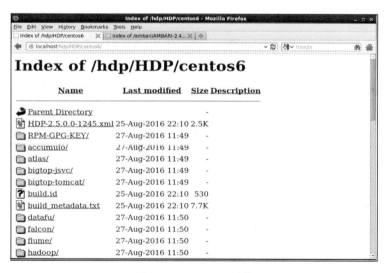

图 4-45　HDP 目录结构

（2）修改 ambari.repo 文件信息，脚本如下：

```
#修改 HDP.repo 文件
```

```
vi /etc/yum.repos.d/HDP.repo
```

（3）在/etc/yum.repos.d 目录中，修改 HDP.repo 文件如下：

```
#修改后的 HDP.repo 文件
VERSION_NUMBER=2.5.0.0-1245
[HDP-2.5.0.0]
name=HDP Version -HDP-2.5.0.0
baseurl=http://localhost/hdp/HDP/centos6
gpgcheck=1
gpgkey=http://localhost/hdp/HDP/centos6/RPM-GPG-KEY/RPM-GPG-KEY-Jenkins
enabled=1
priority=1
```

localhost 为修改部分，把 baseurl 换成本地的 url。

步骤 08   配置 HDP-UTILS 本地源。

（1）把上传好的 HDP-UTILS 的 tar 包复制到/var/www/html/hdp/HDP-UTILS 目录中，运行下面的脚本：

```
#创建目录
mkdir /var/www/html/hdp/HDP-UTILS
#解压并移动文件
tar -xf /opt/ambari/HDP-UTILS-1.1.0.21-centos6.tar.gz -C
/var/www/html/hdp/HDP-UTILS
```

在浏览器地址栏输入网址 http://localhost/hdp/HDP-UTILS/，查看 HDP-UTILS 目录结构，如图 4-46 所示。

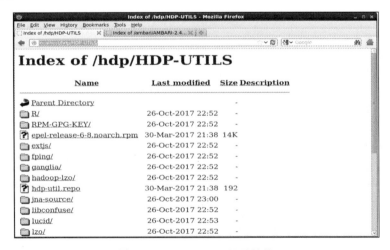

图 4-46　HDP-UTILS 目录结构

（2）在/etc/yum.repos.d 目录中，修改 HDP-UTILS.repo 文件如下：

```
#修改后的 HDP-UTILS.repo 文件
[HDP-UTILS]
name=HDP-UTILS Version -HDP-UTILS-1.1.0.21
baseurl=http://localhost/hdp/HDP-UTILS/
gpgcheck=1
gpgkey=http://localhost/hdp/HDP-UTILS/RPM-GPG-KEY/RPM-GPG-KEY-Jenkins
enabled=1
priority=1
```

localhost 为修改部分，把 baseurl 换成本地的 url。

步骤 09　安装 Ambari 的 Server 端。

安装服务端的脚本如下：

```
#清理 Yum 的缓存
yum clean all
yum makecache
yum repolist
```

```
#直接使用命令安装即可，由于配置了本地源，安装过程非常快
yum install ambari-server
```

结果如图 4-47 所示。

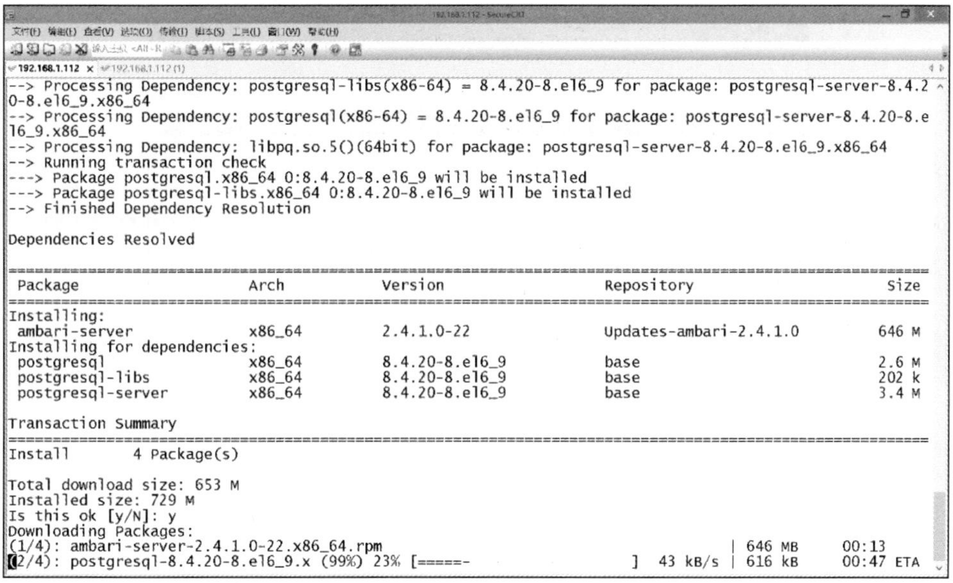

图 4-47　安装结果

139

执行的脚本如下：

```
#1.基本可以一直按回车键选用默认设置，结果如图 4-48 所示
ambari-server setup
#2.设置数据库，Ambari 默认使用的是 PostgreSQL
Configuringdatabase...
Enteradvanced database configuration [y/n]（n）? y
#3.最后启动 Amabri
ambari-server start
#4.设置 ambari-server 服务自动启动
chkconfig ambari-server on
```

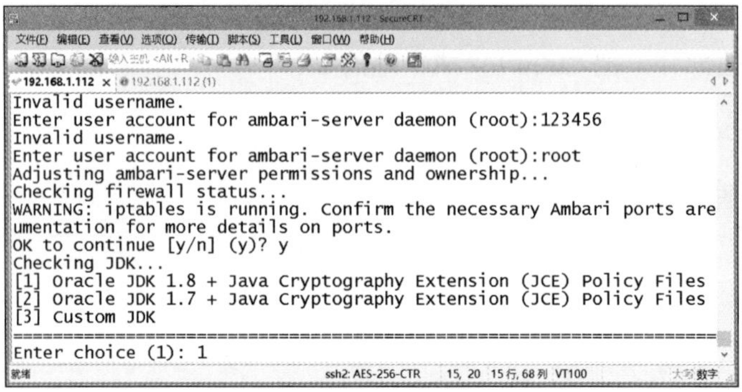

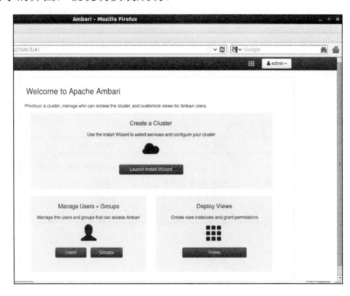

图 4-48　设置 ambari-server 服务自动启动

Ambari 默认使用的是 8080 端口。如果端口被占用，可修改配置文件 /etc/ambari-server/conf/ambari.properties，在文件中增加 client.api.port=<port_number>，启动成功后，用浏览器打开网址 http://192.168.1.112:8080/login，Ambari 默认用户名/密码：admin/admin。看到如图 4-49 所示的界面，就说明安装成功。

图 4-49　安装成功界面

步骤 ⑩　安装 Ambari 的 Agent 端。

安装的步骤，执行的脚本如下：

```
#安装脚本
yum install ambari-agent
#运行脚本
ambari-agent start
```

运行结果如图 4-50 所示。

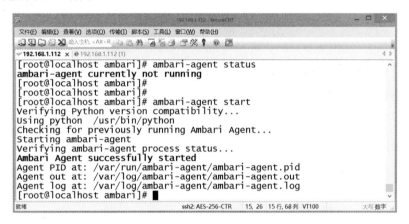

图 4-50　运行结果

步骤 ⑪　安装配置部署 HDP 集群。

安装的步骤，执行的脚本如下：

（1）登录界面如图 4-51 所示，http://192.168.1.112:8080，账户和密码为：admin/admin。

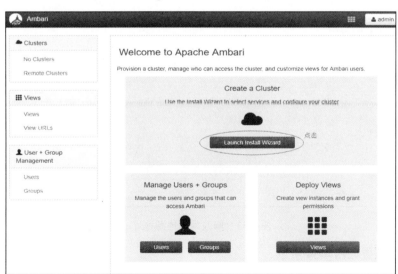

图 4-51　登录界面

（2）安装向导。

（3）如图 4-52 所示，配置集群的名字为 Hadoop。

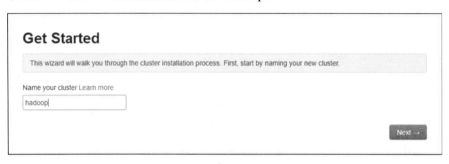

图 4-52　配置集群的名字

（4）如图 4-53 所示，选择版本并修改为本地源地址。

http://hadoop/hdp/HDP/centos6/

http://hadoop/hdp/HDP-UTILS/

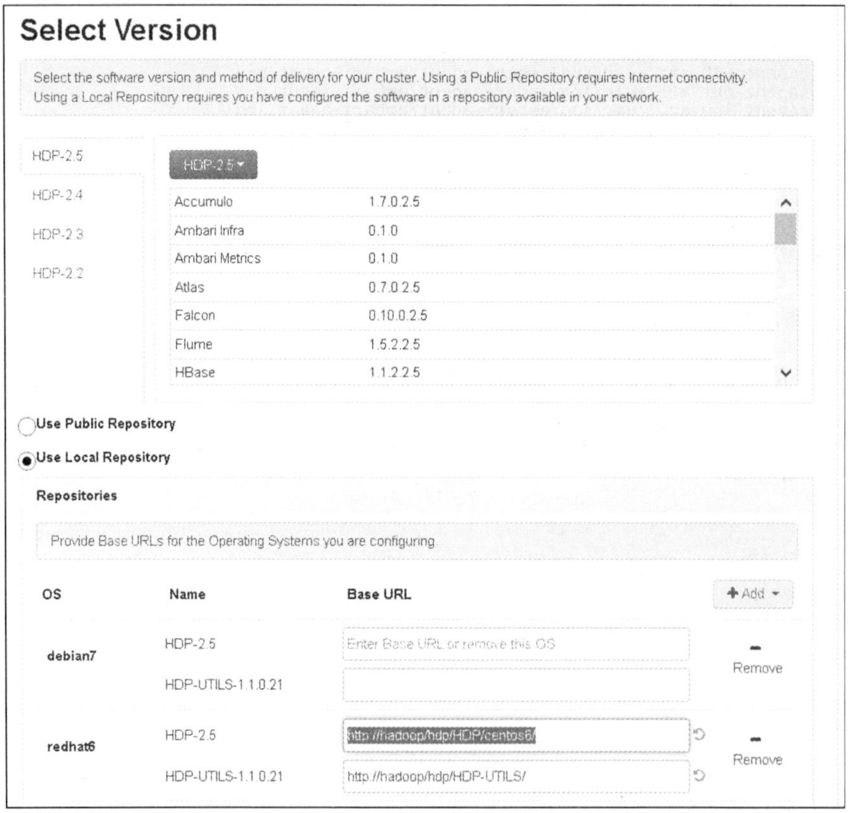

图 4-53　修改为本地源地址

（5）安装配置如图 4-54 所示。

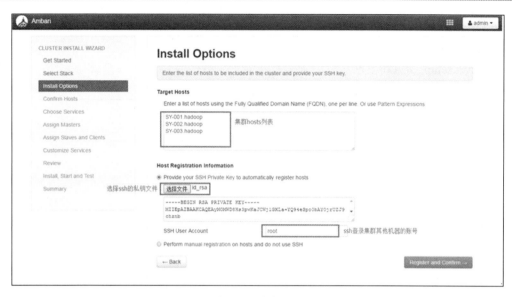

图 4-54　安装配置

（6）安装 Ambari 的 Agent，同时检查系统问题，如图 4-55 和图 4-56 所示。

图 4-55　安装 Ambari 的 Agent

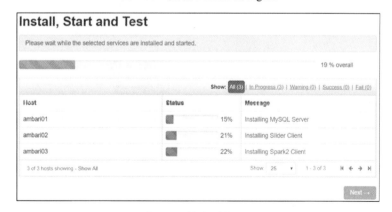

图 4-56　检查系统问题

如果这里出了问题，请检查上面所有的步骤，看看有没有遗漏和未设置的参数。同时在重新修改了配置以后，重置 ambari-server 来重新启动服务。

```
ambari-server stop    #停止服务
ambari-server reset   #重置命令
ambari-server setup   #重新设置
ambari-server start   #启动服务
```

（7）如图 4-57 所示，选择要安装的服务。

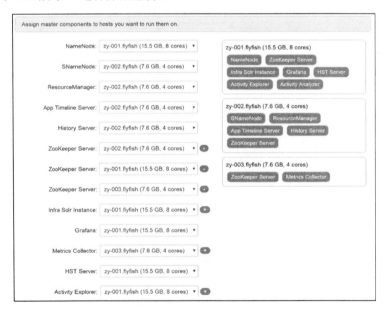

图 4-57　选择要安装的服务

（8）如图 4-58 所示，选择分配服务。

图 4-58　选择分配任务

（9）继续配置，建议把 NodeManager、DataNode、Client 等选项全都勾选上，第一个

DataNode 要根据主机的磁盘容量来选择，如图 4-59 所示。

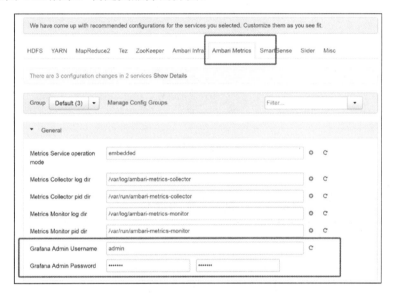

图 4-59　勾选 DataNode、NodeManager、Client

（10）如图 4-60 所示，自定义服务的界面。

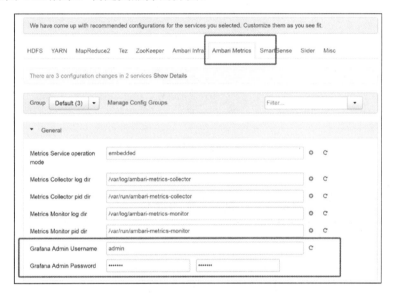

图 4-60　自定义服务的界面

（11）安装、启动和测试，大概需要几分钟，如图 4-61 所示。

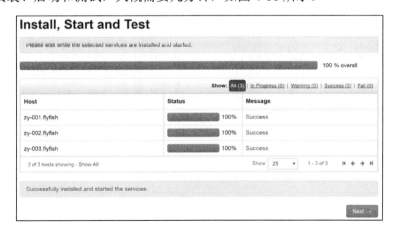

图 4-61　安装、启动和测试

（12）最终的结果，如图 4-62 所示。

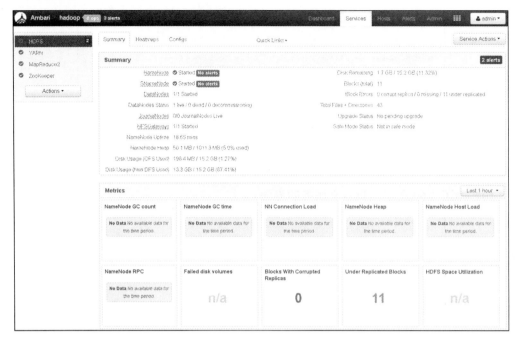

图 4-62　最终结果

步骤⑫　测试 HDFS 是否正常。

使用 CRT 工具登录到远程服务器，执行下面的脚本：

```
#安装之前，需要保证能连接到外网
hadoop fs -ls /
```

如果出现如图 4-63 所示的结果，表示 HDFS 是正常使用的状态。

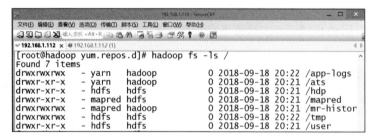

图 4-63　测试 HDFS 是否正常

步骤⑬　实现 HDFS 的例子。

在本地 Linux 环境下面，编辑数据文件，脚本如下：

```
#创建 Linux 目录
mkdir /home/hadoop
```

```
#编辑本地数据文件
vi /home/hadoop/test_hdfs.txt
#切换到 HDFS 用户
su hdfs
#创建 HDFS 目录
hadoop fs -mkdir /HDFS
#上传 Linux 系统的数据文件到 HDFS 分布式文件系统中
hadoop fs -put /home/hadoop/test_hdfs.txt /HDFS
#确保 HDFS 的数据已经上传成功
hadoop fs -ls /HDFS
#查看一下 HDFS 的文件数据是否是上传的数据
hadoop fs -cat /HDFS/test_hdfs.txt
```

结果如图 4-64 所示。

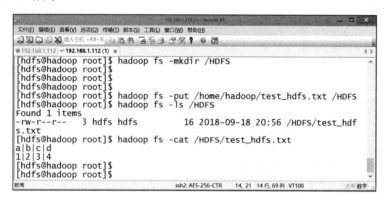

图 4-64　实现 HDFS 的例子

4.8.4　常见问题

问题：服务启动的时候报错

错误信息：

如图 4-65 所示。

```
[root@hadoop ~]# ambari-server status
Using python  /usr/bin/python
Ambari-server status
Ambari Server not running. Stale PID File at: /var/run/ambari-server/ambari-server.pid
[root@hadoop ~]#
```

图 4-65　服务启动时的报错信息

解决办法：

通过 vi /etc/hosts 进行修改，添加信息"127.0.0.1 hadoop"。

4.9 实验六：Redis 数据库的安装与使用

4.9.1 本实验目标

- 该实验指导读者动手实际操作 Redis 在 Linux 中的安装，配置 Redis 和进行简单的代码测试，使用 Redis 客户端完成插入数据和查询数据的一个完整例子。
- 学习该课程后，到企业里可以从事的职业有大数据开发工程师、大数据运维工程师、数据库运维工程师、数据分析师等。

4.9.2 本实验知识点

- 了解 Redis 的基础原理。
- 掌握安装 Redis 在 Linux 的安装步骤和流程。
- 掌握 Redis 的配置功能。
- 动手实操 Redis 的查询命令。
- 掌握通过客户端工具操作 Redis 添加数据的例子。

4.9.3 项目实施过程

步骤 01 上传安装的软件。

把安装软件上传到指定的远程服务器上，如图 4-66 所示。

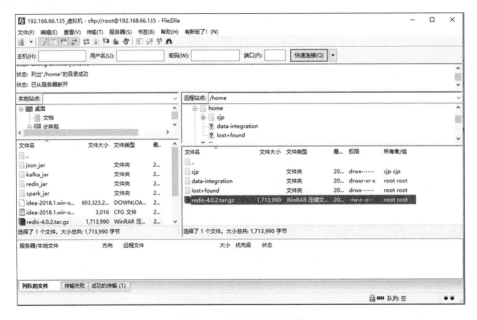

图 4-66 上传安装的软件

步骤 02 通过 CRT 工具进入到远程环境。

使用 CRT 工具，输入 IP 地址、用户名和密码，登录到 Linux 操作系统，结果如图 4-67 所示。

图 4-67 通过 CRT 工具进入到远程环境

步骤 03 安装 Redis 软件。

运行下面的安装命令，具体的脚本如下：

```
#进入 Redis 安装目录
cd /home/
tar xzf redis-4.0.2.tar.gz
#进入 Redis 安装目录
cd redis-4.0.2
#安装 GCC
yum -y install gcc
make distclean
#编译
make MALLOC=libc
#进入 src 文件夹，进行 Redis 安装
cd /home/redis-4.0.2/src/
make install PREFIX=/usr/local/redis
#创建文件夹
mkdir -p /usr/local/redis/etc
#用 cp 复制相关文件到 Redis 目录，cp 前面加 "\" 表示复制直接覆盖不进行询问
cp /home/redis-4.0.2/redis.conf  /usr/local/redis/etc/
#用 cp 复制相关文件到 Redis 目录
cd /home/redis-4.0.2/src
cp mkreleasehdr.sh redis-benchmark redis-check-aof redis-check-rdb
redis-cli redis-sentinel redis-server /usr/local/redis/bin/
```

步骤 04 修改配置文件。

修改配置文件，具体的脚本如下：

```
#编辑 conf 文件，将 daemonize 属性改为 yes，表明需要在后台运行
vi /usr/local/redis/etc/redis.conf
```

步骤 05 开启远程连接 Redis 服务。

运行下面的脚本：

```
#开启脚本
cd /usr/local/redis/etc
vi redis.conf
#注释掉 bind 127.0.0.1
#修改 protected-mode 为 no
```

步骤 06 启动 Redis 服务。

具体的脚本如下：

```
#启动脚本
cd /usr/local/redis/bin
./redis-server /usr/local/redis/etc/redis.conf
```

启动结果如图 4-68 所示。

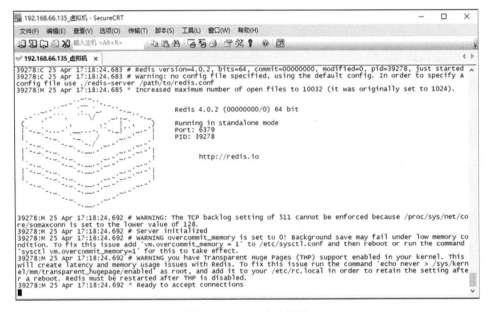

图 4-68 Redis 启动结果

步骤 07 用客户端测试 Redis 服务。

结果如图 4-69 所示。

图 4-69　用客户端测试 Redis 服务的结果

脚本如下：

```
#开启脚本
cd /usr/local/redis/bin
./redis-cli
```

步骤 08　测试简单的 Redis 例子。

测试脚本如下：

```
#测试例子脚本
#进入 Redis 命令窗口
[root@hadoop bin]#./redis-cli
#显示所有的 key
127.0.0.1:6379> keys *
(empty list or set)
#上传 1 个 Key 和 Value
127.0.0.1:6379> lpush mylist 0
(integer) 1
#获取 Key 对应的 Value 值
127.0.0.1:6379> GET mylist
0
```

步骤 09　查找 Redis 占用的进程 ID。

只有在 Redis 进程被占用了，才需要执行，具体脚本如下：

```
#查找 Redis 占用的进程 ID
ps -ef|grep redis
#杀死 Redis 进程，pid 替换成查找到的 ID 数据
kill -9 pid
#启动脚本
cd /usr/local/redis/bin
./redis-server /usr/local/redis/etc/redis.conf
```

步骤 10　使用客户端工具连接 Redis 数据库。

使用 RedisDesktopManager 客户端工具连接到远程的 Redis 数据库，输入名称 Name、主机名称 Host、端口号 Port 等信息，如图 4-70 所示。

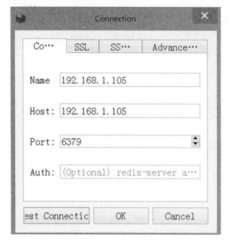

图 4-70　使用客户端工具连接 Redis 数据库

步骤 ⑪　进入到 Redis 的 DB0 数据库做完整的例子。

（1）利用右键快捷菜单创建 1 个哈希（Hash）的 Key，之后保存，如图 4-71 所示。

图 4-71　创建 1 个 hash 的 Key

（2）手工修改对应的值，如图 4-72 所示。

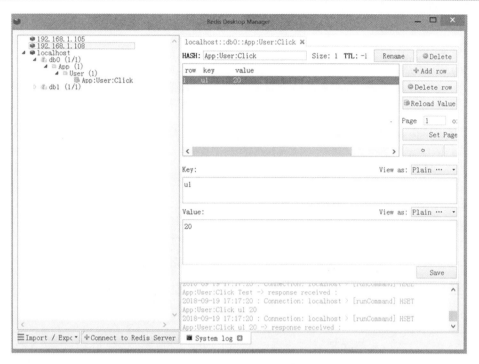

图 4-72　手工修改对应的值

（3）继续添加对应的值，结果如图 4-73 所示。

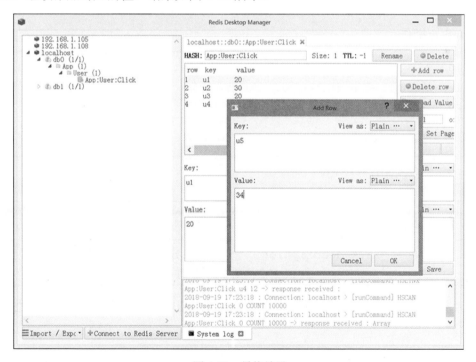

图 4-73　最终结果

（4）查询数据，操作如下：

```
#进入 Redis 命令窗口
[root@hadoop bin]#./redis-cli
#获取 Key 对应的 Value 值
127.0.0.1:6379> GET App:User:Click
```

4.9.4　常用命令及配置文件介绍

1. Redis 维护命令

（1）启动、关闭与连接 Redis 服务器。

```
redis-server /usr/local/redis/redis.conf # 启动 Redis 服务，并指定配置文件
redis-cli shutdown                        # 关闭 Redis 客户端
redis-cli -h 127.0.0.1 -p 6379  # 连接指定的 Redis 服务器
redis-cli -h 127.0.0.1 -p 6379 -a myPassword # 指定密码登录
```

（2）键操作。

```
DEL lind          # 删除键
Exist lind        # 判断键是否存在
EXPIRE lind 60    # 设置时间为 60 秒，之后自动删除
keys *            # 获取所有键
```

（3）集合操作。

```
SADD lind zzl     # 添加到集合 lind
SADD lind zhang
SMEMBERS lind     # 获取集合 lind 的列表
```

（4）字符串，简单字符。

```
SET lind "一个人" # 设置字符
GET lind          # 获取字符
```

（5）哈希操作，用来存储字符串对象，类型为 JSON 串。

```
HMSET lind name "zzl" description "一个人" # 建立一个 lind 对象
HGETALL lind      # 获取这个 lind 对象的所有内容（k/v）
```

（6）发布/订阅操作。pub/sub 模式运行在 Redis 进程中，不会被持久化，如果进程挂了，信息就会丢失。

```
SUBSCRIBE Lind              # 订阅一个管道
PUBLISH Lind "你好，大叔！"    # 发布一个管道
```

（7）事务操作，是一个单独的隔离操作，事务中的所有命令都会序列化、按顺序地执行。

事务在执行的过程中，不会被其他客户端发送来的命令请求所打断。

```
redis 127.0.0.1:6379> MULTI       # 开始事务
redis 127.0.0.1:6379> SET lind "一个人"
QUEUED
redis 127.0.0.1:6379> GET lind
QUEUED
redis 127.0.0.1:6379> SADD lind_info "一个小人物"
QUEUED
redis 127.0.0.1:6379> SMEMBERS lind_info
QUEUED
redis 127.0.0.1:6379> EXEC
```

2. Redis 的配置文件介绍

（1）Redis 默认不是以守护进程的方式运行，可以通过下面配置项修改，使用 yes 设置启用守护进程。

```
daemonize yes
```

（2）当 Redis 以守护进程方式运行时，Redis 默认会把 pid 写入/var/run/redis.pid 文件，可以通过 pidfile 指定。

```
pidfile /var/run/redis.pid
```

（3）指定 Redis 监听端口，默认端口为 6379，作者在自己的一篇博文中解释了为什么选用 6379 作为默认端口，因为 6379 在手机按键上是 MERZ 字母按键对应的号码，而 MERZ 取自意大利歌女 Alessia Merz 的名字。

```
port 6379
```

（4）绑定的主机地址。

```
bind 127.0.0.1
```

（5）在客户端闲置多长时间后关闭连接，如果指定为 0，表示关闭该功能。

```
timeout 300
```

（6）指定日志记录级别，Redis 总共支持 4 个级别：debug、verbose、notice、warning，默认为 verbose。

```
loglevel verbose
```

（7）日志记录方式，默认为标准输出。如果把 Redis 配置为以守护进程方式运行，而这里又配置为以日志记录方式作为标准输出，那么日志将会发送给/dev/null。

```
logfile stdout
```

（8）设置数据库的数量，默认数据库为 0。可以使用 SELECT <dbid>命令指定数据库 ID。

```
databases 16
```

（9）指定在多长时间内，有多少次更改操作之后，就将数据同步到数据文件，可以用多个条件进行组合。

```
save <seconds><changes>
```

Redis 默认配置文件中提供了 3 个条件：

```
save 900 1
save 300 10
save 60 10000
```

分别表示 900 秒（15 分钟）内有 1 个更改，300 秒（5 分钟）内有 10 个更改以及 60 秒内有 10000 个更改。

（10）指定存储至本地数据库时是否压缩数据，默认为 yes，Redis 采用 LZF 压缩，如果为了节省 CPU 时间，可以关闭该选项，但会导致数据库文件变得巨大。

```
rdbcompression yes
```

（11）指定本地数据库文件名，默认值为 dump.rdb。

```
dbfilename dump.rdb
```

（12）指定本地数据库的存放目录。

```
dir ./
```

（13）设置当本机为从（Slave）服务时，设置主（Master）服务的 IP 地址及端口，在 Redis 启动时，它会自动从主服务进行数据同步。

```
slaveof <masterip> <masterport>
```

（14）当主服务设置了密码保护时，从服务连接主服务的密码。

```
masterauth <master-password>
```

（15）设置 Redis 连接密码。如果配置了连接密码，客户端在连接 Redis 时，需要通过 AUTH <password>命令提供密码。默认设置为关闭，即不启用。

```
requirepass foobared
```

（16）设置同一时间最大客户端连接数，默认为无限制。Redis 可以同时打开的客户端连接数为 Redis 进程可以打开的最大文件描述符数。如果设置 maxclients 为 0，表示不作限制。当客户端连接数到达限制时，Redis 会关闭新的连接，并向客户端返回 max number of clients reached 错误信息。

```
maxclients 128
```

（17）指定 Redis 可以使用的最大内存容量，也就是可使用的内存上限。Redis 在启动时会把数据加载到内存中，使用的内存达到设置的最大容量后，Redis 会先尝试清除已到期或即将到期的 Key。在此方法处理之后，如果仍然达到设置的可使用内存上限，则将无法再执行写入操作，但仍然可以执行读取操作。Redis 新的虚拟内存（VM）机制，会把 Key 存放内存，Value 会存放在交换（Swap）区。

```
maxmemory <bytes>
```

（18）指定是否在每次更改操作后进行日志记录。Redis 在默认情况下是以异步方式把数据写入磁盘，如果不启用这个功能，那么可能会在断电时导致一段时间内的数据丢失。因为 Redis 本身同步数据文件是按上面 save 条件来同步的，所以有的数据会在一段时间内只存储在内存中，即默认设置为 no。

```
appendonly no
```

（19）指定记录更改的日志文件，默认的日志文件名为 appendonly.aof。

```
appendfilename appendonly.aof
```

（20）指定更改的日志条件，共有 3 个可选值：

- no：表示等操作系统把数据缓存同步到磁盘（系统运行速度快）。
- always：表示每次更改操作后手动调用 fsync()将数据写到磁盘（系统运行速度慢，但安全）。
- everysec：表示每秒同步一次（折中，是默认方式）。

```
appendfsync everysec
```

（21）指定是否启用虚拟内存机制，默认设置为 no。下面简单介绍一下，虚拟内存（VM）机制将数据分页存放，由 Redis 将访问量较少的页面（即冷数据）交换到磁盘上，访问多的页面由磁盘自动调到内存中。

```
vm-enabled no
```

（22）虚拟内存的文件路径，默认文件路径为/tmp/redis.swap。不允许由多个 Redis 实例共享。

```
vm-swap-file /tmp/redis.swap
```

（23）将所有大于 vm-max-memory 的数据存入虚拟内存。无论 vm-max-memory 设置多小，所有索引数据都是内存存储的（Redis 的索引数据就是 Key），也就是说，当 vm-max-memory

设置为 0 的时候，其实是所有 Value 都存储在磁盘上，默认值为 0。

```
vm-max-memory 0
```

（24）Redis 交换文件分成了很多的页面（Page），一个对象可以保存在多个页面，但一个页面不能被多个对象共享。vm-page-size 要根据存储的数据大小来设定的，作者建议如果存储很多小对象，页面的大小最好设置为 32 个字节或者 64 个字节。如果存储很大的对象，可以使用更大的页面；如果不确定，就使用默认值。

```
vm-page-size 32
```

（25）设置交换文件中的页数。由于页表（一种表示页面空闲或使用的位图）是存放在内存中的，因此在磁盘上每 8 个页面将消耗 1 个字节的内存。

```
vm-pages 134217728
```

（26）设置访问交换文件的线程数，最好不要超过机器的内核数。如果设置为 0，那么所有对交换文件的操作都是串行的，可能会造成比较长时间的延迟。默认值为 4。

```
vm-max-threads 4
```

（27）设置在向客户端应答时，是否把较小的包合并为一个包发送。默认为启用。

```
glueoutputbuf yes
```

（28）指定在超过一定的数量或者最大的元素超过某一临界值时，采用一种特殊的哈希算法。

```
hash-max-zipmap-entries 64
hash-max-zipmap-value 512
```

（29）指定是否激活重置哈希，默认为启用。

```
activerehashing yes
```

（30）指定包含其他的配置文件。可以在同一主机上的多个 Redis 实例之间使用同一份配置文件，而同时各个实例又拥有自己的特定配置文件。

```
include /path/to/local.conf
```

4.10 实验七：HBase 的安装和配置

4.10.1 本实验目标

- 课程对 HBase 的基本的理论知识进行了介绍，并且把 HBase 和关系型数据库进行对比操作，了解基本的原理和技术。

● 实际动手实操 HBase 在 Linux 中的安装部署和配置，对一些错误的问题能做有效的处理。

● 动手实操 HBase 创建表和插入数据的例子，使用 HBase 的查询脚本对数据库进行查询和扫描操作，从而对列式数据库有个全面的了解。

● 学习该课程后，到企业里可以从事的职位有：大数据开发工程师、大数据运维工程师、数据库运维工程师。

4.10.2　本实验知识点

● 了解 HBase 的基础技术和原理。

● 掌握在 Linux 中安装 HBase 的步骤。

● 掌握 HBase 的配置功能。

● 动手实操 HBase 的查询命令。

● 掌握通过客户端工具操作 HBase 数据的例子。

4.10.3　项目实施过程

步骤 01　登录到 Ambari 的 Web 界面。

地址：http://192.168.1.112:8080

用户名和密码：admin/admin

浏览器打开主界面，如图 4-74 所示。

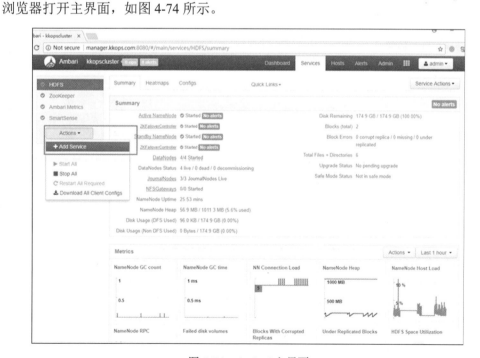

图 4-74　Ambari 主界面

步骤 **02** 选中 HBase 服务。

单击"Actions"→ "Add Service",选中 HBase 服务,界面如图 4-75 所示。

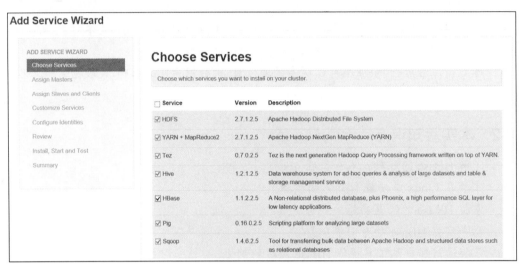

图 4-75　选中 HBase 服务

步骤 **03** 安装 HBase 服务。

配置 HBase 的主(Master)服务器,如图 4-76 所示。

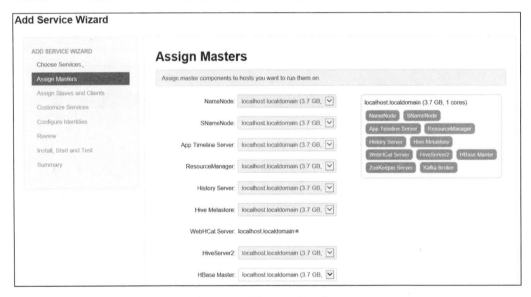

图 4-76　配置 HBase 主服务器

步骤 **04** 配置 HBase 服务。

配置并安装 HBase Slaves 与 Clients,建议全选,如图 4-77 所示。

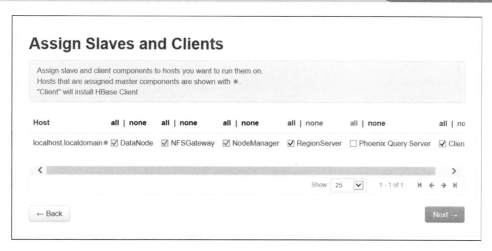

图 4-77　配置 HBase 服务

步骤 05　配置 RegionServer 的服务器。

自定义服务，如图 4-78 所示。

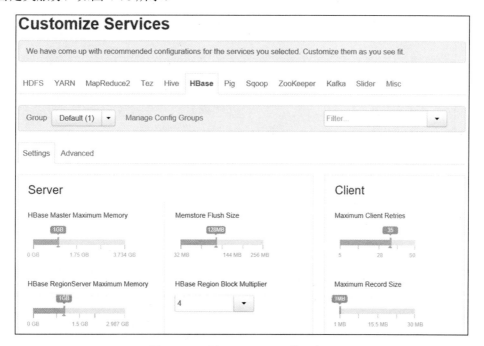

图 4-78　配置 RegionServer 的服务器

保持默认选项，根据实际需要调整参数，如图 4-79 所示。

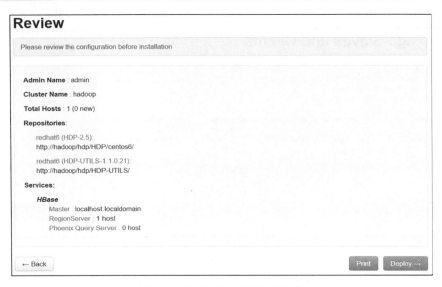

图 4-79　根据实际需要调整参数

单击"Deploy"按钮进入下一步，如图 4-80 所示。

图 4-80　单击"Deploy"按钮后看到的页面

单击"Next"按钮进入下一步，如图 4-81 所示。

Summary

Important: You may also need to restart other services for the newly added services to function properly (for example, HDFS and YARN/MapReduce need to be restarted after adding Oozie). After closing this wizard, please restart all services that have the restart indicator ↻ next to the service name.

Here is the summary of the install process.

　　The cluster consists of 1 hosts
　　　　1 warnings

Complete →

图 4-81　单击"Next"按钮后看到的页面

单击"Complete"按钮进入下一步，最后结果如图 4-82 所示。

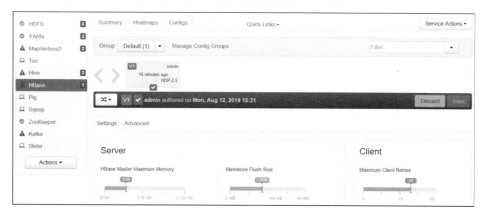

图 4-82　单击"Complete"按钮后看到的页面

步骤 06　通过 CRT 工具进入到远程环境。

使用 CRT 工具，输入 IP 地址、用户名和密码，登录到 Linux 操作系统远程环境，结果如图 4-83 所示。

图 4-83　通过 CRT 工具进入到远程环境

步骤 07　实现 HBase 第一个例子。

运行下面的命令，具体的脚本如下：

```
#进入HBase的命令
hbase shell
#1.建立一个表格 Scores 具有两个列簇,分别是 grade 年级和 course 课程
hbase (main):002:0> create 'scores', 'grade', 'course'
0 row(s) in 4.1610 seconds
#2.查看当前 HBase 中具有哪些表
hbase (main):003:0> list
scores
1 row(s) in 0.0210 seconds
#3.查看表的表结构
hbase (main):004:0> describe 'scores'
```

```
#4.加入一行数据,行名称为 Tom ，列簇 grade 值为 1
hbase (main) :005:0> put 'scores', 'Tom', 'grade:', '1'
0 row (s) in 0.0070 seconds
#5.给 Tom 这一行数据的列簇添加一列<math,87>
hbase (main) :006:0> put 'scores', 'Tom', 'course:math', '87'
0 row (s) in 0.0040 seconds
#6.给 Tom 这一行数据的列簇添加一列<art,97>
hbase (main) :007:0> put 'scores', 'Tom', 'course:art', '97'
0 row (s) in 0.0030 seconds
#7.加入一行数据,行名称为 Jerry ，列簇 grade 值为 2
hbase (main) :008:0> put 'scores', 'Jerry', 'grade:', '2'
0 row (s) in 0.0040 seconds
#8.给 Jerry 这一行数据的列簇添加一列<math,100>
hbase (main) :009:0> put 'scores', 'Jerry', 'course:math', '100'
0 row (s) in 0.0030 seconds
#9.给 Jerry 这一行数据的列簇添加一列<art,80>
hbase (main) :010:0> put 'scores', 'Jerry', 'course:art', '80'
0 row (s) in 0.0050 seconds
```

结果如图 4-84 所示。

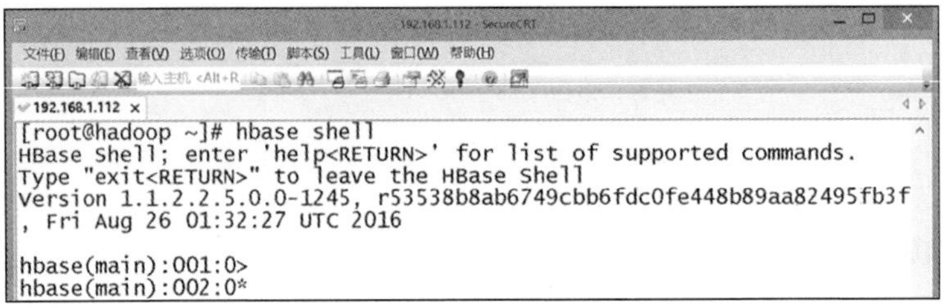

图 4-84　实现 HBase 第一个例子的运行结果

步骤 08　使用 HBase 查询机制。

HBase 列式数据库和关系型数据的查询方式不一样，具体的脚本如下：

```
#10.查看 scores 表中 Tom 的相关数据
hbase (main) :011:0> get 'scores', 'Tom'
COLUMN                  CELL
course:art              timestamp=1224726394286, value=97
 course:math             timestamp=1224726377027, value=87
 grade:                 timestamp=1224726360727, value=1
3 row (s) in 0.0070 seconds
#11.查看 scores 表中所有数据
```

```
hbase (main) :012:0> scan 'scores'
ROW          COLUMN+CELL
 Tom         column=course:art, timestamp=1224726394286, value=97
 Tom         column=course:math, timestamp=1224726377027, value=87
 Tom         column=grade:, timestamp=1224726360727, value=1
 Jerry        column=course:art, timestamp=1224726424967, value=80
 Jerry        column=course:math, timestamp=1224726416145, value=100
 Jerry        column=grade:, timestamp=1224726404965, value=2
6 row (s) in 0.0410 seconds
#12.查看 scores 表中所有数据 courses 列簇的所有数据
hbase (main) :013:0> scan 'scores', {COLUMNS =>'course'}
ROW          COLUMN+CELL
 Tom         column=course:art, timestamp=1224726394286, value=97
 Tom         column=course:math, timestamp=1224726377027, value=87
 Jerry        column=course:art, timestamp=1224726424967, value=80
 Jerry        column=course:math, timestamp=1224726416145, value=100
4 row (s) in 0.0200 seconds
```

　　上面就是 HBase 的基本 shell 操作的一个例子，可以看出，HBase 的 shell 还是比较简单易用的，从中也可以看出 HBase shell 缺少很多传统 SQL 中的一些类似于 like 等相关操作。HBase 是 BigTable 的一个开源实现，而 BigTable 是作为 Google 业务的支持模型，因此并不需要 SQL 语句中的一些功能。

4.10.4　常见问题

1. 问题 1：HRegionServer 未启动

错误信息：

在 NameNode 上执行 jps，可看到 HBase 启动是否正常，进程如下：

[root@master bin]# jps

26341 HMaster

26642 Jps

7840 ResourceManager

7524 NameNode

7699 SecondaryNameNode

原因分析：

Hadoop 启动正常。HBase 少了一个进程，猜测应该是有个 RegionServer 没有启动成功。

解决办法：

重新启动 HRegionServer，确保执行 jps 后能看见此进程。

2. 问题 2：ZooKeeper 启动不正常

错误信息：

在启动 HBase 时，总是报错，提示 ZooKeeper 连接不上。

原因分析：

查看 ZooKeeper 日志，发现：ClientCnxn$SendThread@966] -Opening socket connection to server slave1. Will not attempt to authenticate using SASL（无法定位登录配置）。

解决办法：

重新启动 ZooKeeper 和 HBase，上述问题解决。

3. 问题 3：HBase shell 执行 list 命令报错

错误信息：

client.HConnectionManager$HConnectionImplementation: Can't get connection to ZooKeeper: KeeperErrorCode = ConnectionLoss for /hbase。

原因分析：

根据信息可以判断 ZooKeeper 无法连接。执行 jps 查看 ZooKeeper 都正常。查看 hbase-site.xml 中 ZooKeeper 节点配置正常。

解决办法：

应该是防火墙没有关闭，导致无法访问 2181 端口。执行 service iptables stop 关闭防火墙，重新启动 HBase。进入 HBase shell，执行 list 命令。一切正常，问题解决。

4. 问题 4：HBase Shell 增删改异常

错误信息：

在 HBase shell 上做增删改就会报异常，ZooKeeper.ClientCnxn: Session 0x0 for server null, unexpected error, closing socket connection and attempting reconnect。

原因分析：

经判断是 HBase 版本的 jar 包和 Hadoop 中的 jar 包不兼容的问题。

解决方法：

将 Hadoop 中 hadoop-2.2.0 相关的 jar 包复制过来（${HABASE_HOME}/lib）替换即可。

4.11 习题

一、选择题

1. 数据仓库系统的体系结构根据应用需求的不同，可以分为 4 种类型，下面不正确的是（　　）。

    A. 两层架构

    B. 独立型数据集市

    C. 依赖型数据集市和操作型数据存储

    D. 不逻辑型数据集市

2. 操作型数据存储系统实际上是一个集成的，面向主题的、（　　）、企业级别的、详细的数据库。

    A. 可更新的

    B. 当前值的

    C. 实时的

    D. 以上都对

3. 多维分别指队多维数据集采取（　　）、切块和旋转等各种分析动作，以求剖析数据，使用户能从不同角度观察数据仓库的数据，从而深入多维数据集中的信息。

    A. 切片

    B. 上钻

    C. 飞天

    D. 下钻

4. 维度表一般由主键、分类层次和描述属性组成。对于主键可以选择两种方式：一种是自然键，另一种是（　　）。

    A. 代理键

    B. 关键

    C. 空键

    D. 完键

5. 下面哪个程序负责 HDFS 数据存储？（　　）

    A. NameNode

    B. JobTracker

    C. DataNode

    D. SecondaryNameNode

    E. TaskTracker

6. HDFS 中的 block 默认保存几份？（　　）

A. 3 份

B. 2 份

C. 1 份

D. 不确定

7. 下列哪个程序通常与 NameNode 在一个节点启动？（　　）

A. SecondaryNameNode

B. DataNode

C. TaskTracker

D. JobTracker

8. Hadoop 的作者是（　　）。

A. Martin Fowler

B. Kent Beck

C. Doug cutting

9. HDFS 默认 Block Size 为（　　）。

A. 32MB

B. 64MB

C. 128MB

10. 下列哪项通常是集群最主要的性能瓶颈？（　　）

A. CPU

B. 网络

C. 磁盘

D. 内存

二、判断题

1. Hadoop 默认的调度器策略为 FIFO，并支持多个 Pool 提交 Job。（　　）

2. 集群内每个节点都应该配 RAID，这样可避免因单磁盘损坏而影响整个节点的运行。（　　）

3. 因为 HDFS 有多个副本，所以 NameNode 是不存在单点问题的。（　　）

4. 每个 map 槽就是一个线程。（　　）

5. Mapreduce 的 input split 就是一个 block。（　　）

6. Hadoop 环境变量中的 HADOOP_HEAPSIZE 用于设置所有 Hadoop 守护线程的内存。它默认是 200MB。（　　）

7. DataNode 首次加入集群（Cluster）时，如果日志中报告不兼容文件版本，就需要 NameNode 执行"hadoop namenode -format"操作来格式化磁盘。（　　）

8. Hadoop 1.0 和 2.0 都具备完善的 HDFS HA 策略。（　　）

9. GZIP 压缩算法比 LZO 更快。（　　）

10. PIG 是脚本语言，它与 MapReduce 无关。（　　　）

三、填空题

1. 数据仓库就是一个_____、集成的、_____、反映历史变化的数据集合。

2. 数据处理通常分成两大类：联机事务处理和_____。

3. ROLAP 是基于_____的 OLAP 实现，而 MOLAP 是基于多维数据结构组织的 OLAP 实现。

4. 数据仓库按照其开发过程，其关键环节包括_____、_____和数据表现等。

5. 从应用的角度看，数据仓库的发展演变可以归纳为5个阶段：_____、_____、_____、_____和_____、_____。

四、简答题

1. 什么是 NoSQL 数据库？NoSQL 和 RDBMS 有什么区别？在哪些情况下使用和不使用 NoSQL 数据库？

2. 非关系型数据库有哪些？

3. MySQL 和 MongoDB 之间最基本的区别是什么？

4. MongoDB 的特点是什么？

5. MongoDB 支持存储过程吗？如果支持的话，怎么用？

6. 如何理解 MongoDB 中的 GridFS 机制？MongoDB 为何使用 GridFS 来存储文件？

7. 为什么 MongoDB 的数据文件很大？

8. 当更新一个正在被迁移的块（Chunk）上的文档时会发生什么？

9. MongoDB 在 A:{B,C} 上建立索引，查询 A:{B,C} 和 A:{C,B} 都会使用索引吗？

10. 如果一个分片（Shard）停止或很慢的时候，发起一个查询会怎样？

第 5 章
◀ Spark内存计算框架 ▶

本章学习目标

- 了解 Spark 的基础。
- 了解 Spark 技术原理。
- 掌握 Spark SQL 的原理和应用场景。
- 掌握 Spark Streaming 实时处理技术的原理和使用场景。
- 掌握 SparkMLlib 数据挖掘库的使用方法。
- 了解 Spark GraphX 图像处理的原理和场景。
- 动手实操 Spark 简单的实例。

本章先向读者简要介绍 Spark，再介绍 Spark 的技术原理，接着介绍 Spark SQL、SparkStreaming、Spark MLlib、Spark GraphX，最后是 Spark 编程实例。

5.1 Spark 简介

Spark 是一个高速、通用的大数据计算处理引擎。2009 年 Spark 诞生于伯克利大学，2010 年正式开源，2013 年成为 Apache 基金项目，2016 年发布了 2.0 版本。Spark 的主要奠基者是 Matei Zaharia，现在的 Spark 是在其博士论文的基础上发展而来的。

在开源社区的贡献下，Spark 版本更新速度很快，平均 1~2 个月就推出一个新版本。Spark 最核心的部分被称为 Spark core，包含了 Spark 最基本、最核心的功能和基本分布式算子。Spark core 的基本功能有任务调度、内存管理、故障恢复以及存储系统的交互。

RDD（Resilient Distributed Dataset，弹性分布式数据集）是 Spark 的核心概念，指的是一个只读的、可分区的分布式数据集，这个数据集的全部或部分可以缓存在内存中，在多次计算间重复使用。Spark 的核心思路就是将数据集缓存在内存中以加快读取速度，同时使用 RDD 以较小的性能代价保证数据的鲁棒性。RDD 如图 5-1 所示。

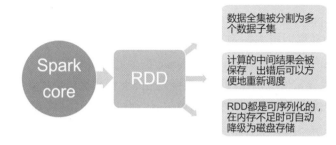

图 5-1　RDD

Spark SQL 用于分布式结构化数据的 SQL 查询与分析，在编写程序中，可以直接使用 SQL
语句。

```
val sqlContext = new org.apache.spark.sql.SQLContext (sc)
val jsonpeople = sqlContext.jsonFile (args (0))
jsonpeople.registerTempTable ("jsonTable")
val teenagers = sqlContext.sql ("SELECT * FROM jsonTable WHERE age>10 ")
```

Spark Streaming 是用于处理流式数据的分布式流处理框架，它将数据流以时间片为单位进
行分割以形成 RDD，能够以较小的时间间隔对流数据进行处理，从严格意义上说是一个准实
时处理系统。

MLlib 是一个分布式机器学习库，在 Spark 平台上对一些常用的机器学习算法进行了分布
式实现，这些算法包括分类、回归、聚类、决策树，等等。

GraphX 是一个分布式图处理框架，在 Spark 上实现了大规模图计算的功能，提供了对图
计算和图挖掘的各种接口。

表 5-1 展示的是在不同的使用场景下 Spark 和同类框架的对比。

表 5-1　Spark 与同类框架对比

使用场景	时间跨度	同类框架	使用 Spark
复杂的批量数据处理	小时级	MapReduce（Hive）	Spark
基于历史数据的交互式查询	分钟级，秒级	Impala	Spark SQL
基于实时数据的数据处理	秒级	Storm	Spark Streaming
基于历史数据的数据挖掘	-	Mahout	Spark MLlib
基于增量数据的机器学习	-	-	Spark Streaming+MLlib

在特定的使用场景下，Spark 提供的解决方案不一定最优，比如在实时数据流处理中，相
比 Spark Streaming，Storm 的实时性更强、时间切片更小，但 Spark 模块间的数据可以无缝结
合，因此 Spark 生态体系可以为大数据的处理和分析提供一站式解决方案。

可以使用多种编程语言编写 Spark 应用，包括 Java、Scala、Python 和 R。其中 Scala 是 Spark
框架兼容性最好的开发语言，使用 Scala 语言可以和 Spark 的源代码进行更好的无缝结合，更
方便调用其相关功能。

Scala 相对于 Java 的优势是巨大的。熟悉 Scala 之后再看 Java 代码，有种读汇编代码的感

觉。如果仅仅是编写 Spark 应用，并非一定要学 Scala，可以直接用 Spark 的 Java API 或 Python API。但因为语言上的差异，用 Java 开发 Spark 应用要烦琐许多。好在带 Lambda 的 Java 8 出来之后有所改善。在 Spark 应用开发上，学会 Scala 主要好处有：开发效率更高，代码更精简；使用 Spark 过程中出现异常情况，在排查时如果对 Spark 源码比较熟悉，可以事半功倍。

Scala 速度更快，使用方便但上手难，而 Python 则较慢，但很容易使用。Spark 框架是用 Scala 编写的，所以了解 Scala 编程语言有助于大数据开发人员轻松地挖掘和探索源代码。如果某些功能不能像预期的那样发挥作用，使用 Python 会增加更多问题和 bug 的可能性，因为这两种不同语言之间的转换是困难的。Spark 的源代码首先在 Scala 中可用，然后再移植到 Python 中。

下面以用线性回归算法预测未来业务数据为例，分别使用 Python、Scala 和 Java 三种语言编写相应的代码，分别如图 5-2、图 5-3、图 5-4 所示。

```python
Python   Scala   Java

# Every record of this DataFrame contains the label and
# features represented by a vector.
df = sqlContext.createDataFrame(data, ["label", "features"])

# Set parameters for the algorithm.
# Here, we limit the number of iterations to 10.
lr = LogisticRegression(maxIter=10)

# Fit the model to the data.
model = lr.fit(df)

# Given a dataset, predict each point's label, and show the results.
model.transform(df).show()
```

图 5-2　Python 语言编写相应的代码

```scala
Python   Scala   Java

// Every record of this DataFrame contains the label and
// features represented by a vector.
val df = sqlContext.createDataFrame(data).toDF("label", "features")

// Set parameters for the algorithm.
// Here, we limit the number of iterations to 10.
val lr = new LogisticRegression().setMaxIter(10)

// Fit the model to the data.
val model = lr.fit(df)

// Inspect the model: get the feature weights.
val weights = model.weights

// Given a dataset, predict each point's label, and show the results.
model.transform(df).show()
```

图 5-3　Scala 语言编写相应的代码

```
Python    Scala    Java

// Every record of this DataFrame contains the label and
// features represented by a vector.
StructType schema = new StructType(new StructField[]{
  new StructField("label", DataTypes.DoubleType, false, Metadata.empty()),
  new StructField("features", new VectorUDT(), false, Metadata.empty()),
});
DataFrame df = jsql.createDataFrame(data, schema);

// Set parameters for the algorithm.
// Here, we limit the number of iterations to 10.
LogisticRegression lr = new LogisticRegression().setMaxIter(10);

// Fit the model to the data.
LogisticRegressionModel model = lr.fit(df);

// Inspect the model: get the feature weights.
Vector weights = model.weights();

// Given a dataset, predict each point's label, and show the results.
model.transform(df).show();
```

图 5-4　Java 语言编写相应的代码

5.2　Spark 技术原理

5.2.1　Spark 与 Hadoop 的对比

Hadoop 存在如下缺点：

- 表达能力有限，Hadoop 计算使用 Map 和 Reduce 两种操作方式。
- 磁盘 I/O 开销比较大，中间结果存放于磁盘上，任务之间的衔接涉及磁盘 I/O 开销。
- 延迟性高，在前一个任务执行完成之前，其他任务就无法开始，难以胜任复杂、多阶段的计算任务。

Spark 在借鉴 Hadoop MapReduce 优点的同时，很好地解决了 MapReduce 所面临的问题，相比于 Hadoop MapReduce，Spark 主要具有如下优点：

- Spark 的计算模式也依据 MapReduce，但不限于 Map 和 Reduce 操作，还提供了多种数据集操作类型，比如 filte、join、union、groupByKey、sortByKey 等几十种算子，编程模型样式比 Hadoop 的 MapReduce 更多。
- Spark 提供了内存计算，可将中间结果放到内存中，对于迭代运算效率更高。
- Spark 基于 DAG 的任务调度执行机制，要优于 Hadoop MapReduce 的迭代执行机制。

如图 5-5 所示是 Hadoop MapReduce 和 Spark 的执行流程对比。

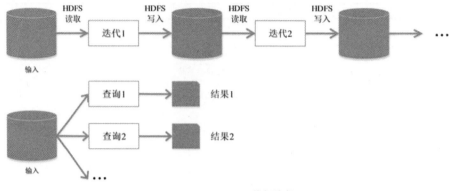

（a）Hadoop MapReduce执行流程

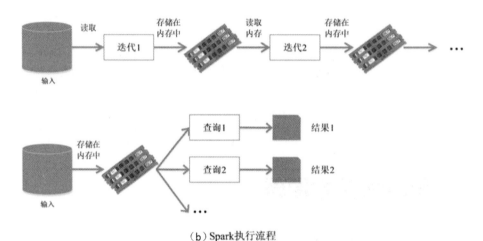

（b）Spark执行流程

图 5-5　Hadoop MapReduce 和 Spark 的执行流程对比

使用 Hadoop 进行迭代计算非常消耗资源，而 Spark 将数据载入内存后，之后的迭代计算都可以直接使用内存中的中间结果进行运算，避免了从磁盘中频繁读取数据。如图 5-6 所示是 Hadoop 与 Spark 执行逻辑回归的时间对比图。

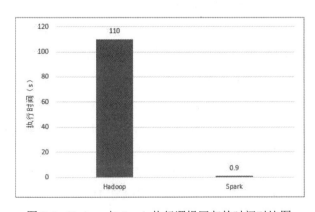

图 5-6　Hadoop 与 Spark 执行逻辑回归的时间对比图

5.2.2　Spark 运行架构

学习 Spark 的运行架构首先要熟悉一下 Spark 的专业术语，接下来我们先对 Spark 的专业术语进行介绍。

1. Application：Spark 应用程序

Application 指的是用户编写的 Spark 应用程序，包含 Driver 功能代码和分布在集群中多个节点上运行的 Executor 代码。Spark 应用程序，由一个或多个作业 JOB 组成，如图 5-7 所示。

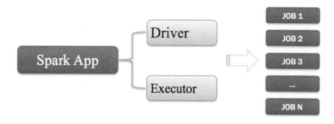

图 5-7　Spark 应用程序

2. Driver：驱动程序

Spark 中的 Driver 即运行上述 Application 的 Main() 函数并且创建 SparkContext，其中创建 SparkContext 的目的是为了准备 Spark 应用程序的运行环境。在 Spark 中由 SparkContext 负责和 ClusterManager 通信，进行资源的申请、任务的分配和监控等。当 Executor 部分运行完毕后，Driver 负责将 SparkContext 关闭。通常 SparkContext 代表 Driver，如图 5-8 所示。

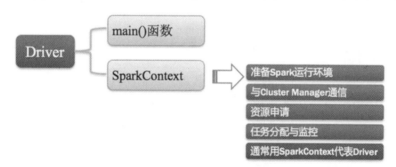

图 5-8　Driver 驱动程序

3. Cluster Manager：资源管理器

Cluster Manager 指的是在集群上获取资源的外部服务，常用的有 Standalone，Spark 原生的资源管理器，由 Master 负责资源的分配；Hadoop Yarn，由 Yarn 中的 ResearchManager 负责资源的分配；Messos，由 Messos 中的 Messos Master 负责资源管理，如图 5-9 所示。

图 5-9　Cluster Manager 资源管理器

4. Executor：执行器

Application 运行于 Worker 节点上的一个进程，该进程负责运行 Task，并且负责将数据存在内存或者磁盘上，每个 Application 都有各自独立的一批 Executor，如图 5-10 所示。

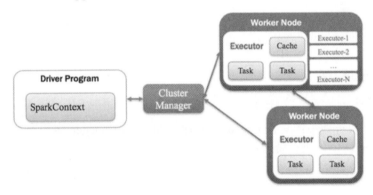

图 5-10　Executor 执行器

5. Worker：计算节点

集群中任何可以运行 Application 代码的节点，类似于 Yarn 中的 NodeManager 节点。在 Standalone 模式中指的就是通过 Slave 文件配置的 Worker 节点，在 Spark on Yarn 模式中指的就是 NodeManager 节点，在 Spark on Messos 模式中指的就是 Messos Slave 节点，如图 5-11 所示。

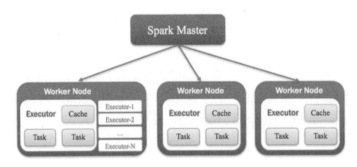

图 5-11　Worker 计算节点

Spark 的基本概念包括如下几条：

- RDD：Resilient Distributed Dataset（弹性分布式数据集）的简称，是分布式内存的一个抽象概念，提供了一种高度受限的共享内存模型。
- DAG：Directed Acyclic Graph（有向无环图）的简称，反映 RDD 之间的依赖关系。
- Executor：运行在工作节点（WorkerNode）的一个进程，负责运行 Task。
- Application：用户编写的 Spark 应用程序。
- Task：运行在 Executor 上的作业（Job）单元，一般任务个数默认就是 RDD 数据集的分区（Partition）数。
- Job：一个作业包含多个 RDD 及作用于相应 RDD 上的各种操作。
- Stage：作业（Job）的基本调度单位，一个作业会分为多组任务（Task），每组任务被称为阶段（Stage），或者也被称为任务集（TaskSet），代表了一组关联的、相互之间没有 Shuffle 洗牌依赖关系的任务组成的任务集。

Spark 运行架构包括集群资源管理器（Cluster Manager）、运行作业任务的工作节点（Worker Node）、每个应用的任务控制节点（Driver）和每个工作节点上负责具体任务的执行进程（Executor）。其中资源管理器可以自带或 Yarn。与 Hadoop MapReduce 计算框架相比，Spark 所采用的 Executor 有 3 个优点：一是 Spark 的任务执行是线程级别，是 Hadoop 任务执行时的进程级别，在执行大任务时，可以极大地减少进程的开销；二是 Spark 任务执行可以利用多线程并发执行来提高执行效率；三是 Executor 中有一个 BlockManager 存储模块，会将内存和磁盘共同作为存储设备，有效减少 I/O 开销。

一个 Application 由一个 Driver 和若干个 Job 构成，一个 Job 由多个 Stage 构成，一个 Stage 由多个没有 Shuffle 关系的 Task 组成。当执行一个 Application 时，Driver 会按照设置的参数向集群管理器申请资源，申请到资源后启动对应节点上的 Executor，并向 Executor 发送应用程序代码和文件，然后在 Executor 上执行 Task，并且监控 Task 的执行情况，全部 Task 运行结束后，执行结果会返回给 Driver，或者写到 HDFS 或者其他数据库中。

总体而言，Spark 运行架构具有以下特点：

（1）每个 Application 都有自己专属的 Executor 执行进程，并且该进程在 Application 运行期间一直驻留，Executor 进程以多线程的方式运行 Task（任务）。

（2）Spark 运行过程与资源管理器无关，只要能够获取 Executor 进程并保持通信即可。

（3）Task 采用了数据本地性和推测执行等优化机制。

5.2.3　RDD 基本概念

一个 RDD 就是一个分布式对象集合，本质上是一个只读的分区记录集合，每个 RDD 可分成多个分区，每个分区就是一个数据集片段，并且一个 RDD 的不同分区可以被保存到集群中不同的节点上，从而可以在集群中的不同节点上进行并行计算。

RDD 提供了一种高度受限的共享内存模型，即 RDD 是只读的记录分区的集合，不能直接修改，只能基于稳定的物理存储中的数据集来创建 RDD，或者通过在其他 RDD 上执行确定的转换操作（如 map、join 和 group by）而创建得到新的 RDD。

RDD 提供了一组丰富的操作以支持常见的数据运算，分为"动作"（Action）和"转换"（Transformation）两种类型。它提供的转换接口都非常简单，都是类似 map、filter、Group By、join 等粒度的数据转换操作，而不是针对某个数据项的细粒度修改。表面上 RDD 的功能很受限、不够强大，实际上 RDD 已经被实践证明是可以高效地表达许多框架的编程模型（比如 MapReduce、SQL）。Spark 用 Scala 语言实现了 RDD 的 API，程序员可以通过调用 API 实现对 RDD 的各种操作。

RDD 典型的执行过程如下：

（1）步骤 1：RDD 读入外部数据源进行创建。

（2）步骤 2：RDD 经过一系列的转换（Transformation）操作，每一次都会产生不同的 RDD，供给下一个转换操作使用。

（3）步骤 3：最后一个 RDD 经过"Action"操作进行转换，并输出到外部数据源。

这一系列的处理称为一个 Lineage（血缘关系），即 DAG 拓扑排序的结果。优点是惰性调用、管道化、避免同步等待，不需要保存中间结果、每次操作变得简单。RDD 的执行过程如图 5-12 所示。

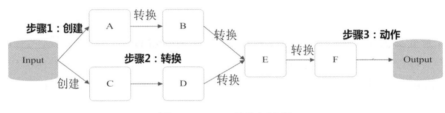

图 5-12　RDD 的执行过程

Spark 采用 RDD 以后能够实现高效计算的原因主要在于：

（1）高效的容错性。现有的容错机制依靠数据复制或者记录日志，RDD 则包括血缘关系、重新计算丢失分区、无须回滚系统、重算过程在不同节点之间进行、只记录粗粒度的操作等。

（2）中间结果持久化到内存。数据在内存中的多个 RDD 操作之间进行传递，避免了不必要的读写磁盘开销。

（3）存放的数据可以是 Java 对象，避免了不必要的对象序列化和反序列化。

RDD 支持转换（Transformation）和动作（Action）两种操作，转换就是从现有的数据集创建出新的数据集，像 Map；动作就是对数据集进行计算并将结果返回给 Driver，像 Reduce。RDD 中转换是惰性的，只有当动作操作出现时才会真正执行。这样设计可以让 Spark 更有效地运行，因为只需要把动作需要的结果送给 Driver 就可以了，而不是把整个巨大的中间数据集传送过去。

RDD 之间的依赖关系包括窄依赖和宽依赖两种，其中窄依赖是指父 RDD 的每一个分区最多被一个子 RDD 的分区所用，表现为一个父 RDD 的分区对应于一个子 RDD 的分区，或两个父 RDD 的分区对应于一个子 RDD 的分区，如图 5-13 所示。

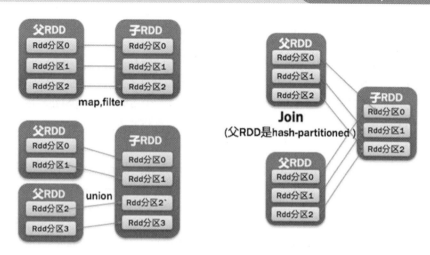

图 5-13　父 RDD 的分区

而宽依赖是指父 RDD 的每个分区都可能被多个子 RDD 分区所使用，子 RDD 分区通常对应所有的父 RDD 分区，如图 5-14 所示。

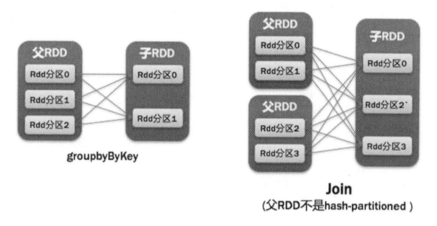

图 5-14　子 RDD 的分区

Spark 与资源管理器无关，只要能够获取 Executor 进程，并能保持相互通信即可，Spark 支持的资源管理器包含：Standalone、On Messos、On Yarn 和 On EC2，如图 5-15 所示。

图 5-15　Spark 支持的资源管理器

Stage 的类型包括两种，即 ShuffleMapStage 和 ResultStage，具体如下：

（1）ShuffleMapStage：不是最终的 Stage（阶段），在它之后还有其他 Stage，所以，它的输出一定需要经过 Shuffle 过程，并作为后续 Stage 的输入。这种 Stage 是以 Shuffle 为输出边界，其输入边界可以是从外部获取数据，也可以是另一个 ShuffleMapStage 的输出，其输出可以是另一个 Stage 的开始。在一个 Job（作业）里可能有该类型的 Stage，也可能没有该类型Stage。

（2）ResultStage：最终的 Stage，没有输出，而是直接产生结果或存储。这种 Stage 是直接输出结果，其输入边界可以是从外部获取数据，也可以是另一个 ShuffleMapStage 的输出。在一个 Job 里必定有该类型 Stage。

因此，一个 Job 含有一个或多个 Stage，其中至少含有一个 ResultStage。

Stage 被分为三个部分，在 Stage2 中，从 map 到 union 都是窄依赖，这两步操作可以形成一个流水线操作。如图 5-16 所示是流水线操作的实例，分区 7 通过 map 操作生成的分区 9，可以不用等待分区 8 到分区 10 这个 map 操作的计算结束，而是继续进行 union 操作，得到分区 13，这样流水线执行大大提高了计算的效率。

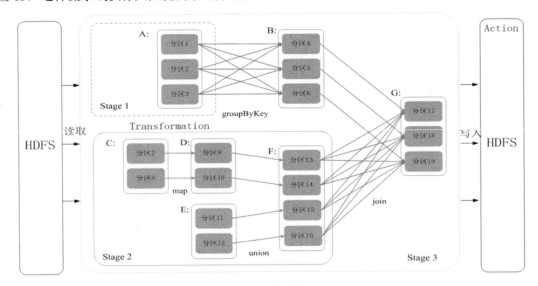

图 5-16　流水线操作的实例

通过上述对 RDD 概念、依赖关系和 Stage 划分的介绍，结合之前介绍的 Spark 运行基本流程，再总结一下 RDD 在 Spark 架构中的运行过程：

（1）创建 RDD 对象。

（2）SparkContext 负责计算 RDD 之间的依赖关系，构建 DAG。

（3）DAGScheduler 负责把 DAG 图分解成多个 Stage，每个 Stage 中包含了多个 Task，每个 Task 会被 TaskScheduler 分发给各个 WorkerNode 上的 Executor 去执行。

RDD 在 Spark 中的运行过程，如图 5-17 所示。

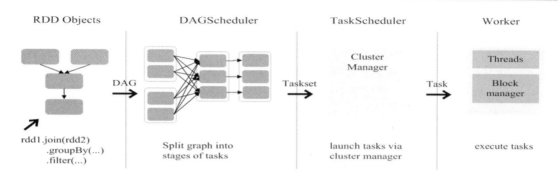

图 5-17　RDD 在 Spark 中的运行过程

5.3　Spark SQL 介绍

Spark SQL 的前身是 Shark，为了给熟悉 RDBMS 但又不理解 MapReduce 的技术人员提供一个快速上手的工具，Hive 应运而生，它是当时唯一运行在 Hadoop 上的 SQL-on-Hadoop 工具。但是 MapReduce 计算过程中大量的中间磁盘落地过程消耗了大量的 I/O，降低了运行效率，为了提高 SQL-on-Hadoop 的效率，大量的 SQL-on-Hadoop 工具开始产生，其中表现较为突出的是：Map 的 Drill、Cloudera 的 Impala 和 Shark。

其中 Shark 是伯克利实验室 Spark 生态环境的组件之一，它修改了图 5-18 所示的右下角的内存管理、物理计划、执行这 3 个模块，并使之能运行在 Spark 引擎上，从而使得 SQL 查询的速度得到 10~100 倍的提升。

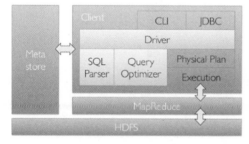
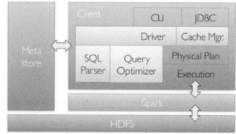

图 5-18　Hive 架构和 Shark 架构

但是，随着 Spark 的发展，对于野心勃勃的 Spark 团队来说，Shark 对于 Hive 的太多依赖，制约了 Spark 的一个堆栈规则（One Stack to Rule Them All）的既定方针，制约了 Spark 各个组件的相互集成，所以提出了 Spark SQL 项目。Spark SQL 抛弃原有 Shark 的代码，汲取了 Shark 的一些优点，如内存列存储（In-Memory Columnar Storage）、Hive 兼容性等，重新开发了 Spark SQL 代码；由于摆脱了对 Hive 的依赖性，Spark SQL 无论在数据兼容、性能优化、组件扩展方面都得到了极大的方便：

（1）数据兼容方面：不但兼容 Hive，还可以从 RDD、parquet 文件、JSON 文件中获取数据，未来版本甚至支持获取 RDBMS 数据以及 Cassandra 等此类型的 NoSQL 数据库。

（2）性能优化方面：除了采取内存列存储（In-Memory Columnar Storage）、字节码生成（Byte-Code Generation）等优化技术外，还将会引进 Cost Model 成本模型对查询进行动态评估、获取最佳物理计划等。

（3）组件扩展方面：无论是 SQL 的语法解析器、分析器还是优化器都可以重新定义，进行扩展。

2014 年 6 月 1 日，Shark 项目和 Spark SQL 项目的主持人雷诺（Reynold Xin）宣布：停止对 Shark 的开发，团队将所有资源放 Spark SQL 项目上，至此，Shark 的发展画上了句号，但也因此发展出两条产品线路：Spark SQL 和 Hive on Spark。

其中，Spark SQL 作为 Spark 生态的一员继续发展，而不再受限于 Hive，只是兼容 Hive；而 Hive on Spark 是一个 Hive 的发展计划，该计划将 Spark 作为 Hive 的底层引擎之一，也就是说，Hive 将不再受限于一个引擎，可以采用 Map-Reduce、Tez、Spark 等引擎。

Shark 的出现，使得 SQL-on-Hadoop 的性能比 Hive 有了 10~100 倍的提高。那么，摆脱了 Hive 的限制，Spark SQL 的性能又有怎么样的表现呢？虽然没有 Shark 相对于 Hive 那样令人瞩目的性能提升，但也表现得非常优异，如图 5-19 所示。

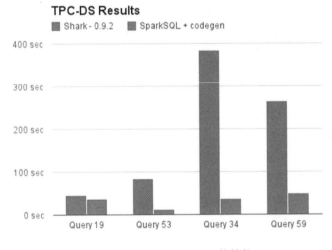

图 5-19　Spark SQL 的性能

为什么 Spark SQL 的性能会得到这么大的提升呢？主要 Spark SQL 在下面几点做了优化：

（1）内存列存储（In-Memory Columnar Storage）：Spark SQL 的表数据在内存中存储不是采用 JVM 对象存储方式，而是采用行存储或者列存储，如图 5-20 所示，该存储方式无论在空间占用量和读取吞吐率上都占有很大优势。

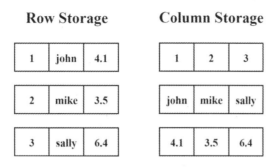

图 5-20　行存储和列存储

（2）类似于关系型数据库，Spark SQL 也是语句，也是由 Projection 投影（a1，a2，a3）、Data Source 数据源（tableA）、Filter 过滤（condition）组成，分别对应 SQL 查询过程中的 Result 结果、Data Source 数据源、Operation 操作，也就是说 SQL 语句按照 Result→Data Source→Operation 的顺序来描述。

5.4　Spark Streaming 实时处理技术

Spark Streaming 是 Spark API 核心的扩展，支持可扩展、高吞吐量、实时数据流的容错流处理。Spark 可以从 Kafka、Flume、Twitter、ZeroMQ、Kinesis、TCP sockets 中读取数据，使用高级别功能表达复杂的算法来处理 map、reduce、join 和 window。最后，处理的数据可以推送到文件系统、数据库和实时仪表板。

在内部，它的工作原理如下：Spark Streaming 接收实时输入数据流并将数据分成批量，然后由 Spark 引擎处理，以批量生成最终结果流，如图 5-21 所示。

图 5-21　Spark Streaming 工作原理

Spark Streaming 提供了一个高层次的抽象，称为离散流或 DStream，它代表连续的数据流。DStream 可以通过 Kafka、Flume 和 Kinesis 等来源的输入数据流来创建，也可以通过在其他 DStream 上应用高级操作来创建。在内部，一个 DStream 被表示为一系列 RDD。

Spark Streaming 共有 3 种运用场景，分为无状态操作、状态操作和窗口（Window）操作。下面分别描述对这 3 种运用场景的理解。

（1）无状态操作

只关注当前一批次的数据处理，所有的统计分析等计算都只是基于这一批次的数据相关和前后批次数据无相关。假设一个商品的秒杀场景，我们将一批次数据时长设置为 1 个小时。那一个批次数据就是在一个小时的窗口时间内的数据，可以理解为电商系统中这一小时内所产生的系列数据，所有的数据分析这一小时的数据进行处理。可以统计这一小时的浏览量、点击量、购买量等指标。通常我们会把批次的间隔时间设置得非常短，可能只有几秒甚至是 1 秒。

（2）有状态操作

关注的是一系列的数据，它计算的不再只是一批次的数据，而是一系列的 RDD 中的某个值的累加。除了当前小批次的数据，还需要用到之前各批次的数据。以电商系统中用户行为表为例，它要将新生成的用户行为数据与用户历史行为数据合并成一份用户行为表的全量数据，"状态操作"是基于这一全量数据进行操作。可以是所有浏览过商品的用户数，所有购买了商品的用户数。

（3）窗口操作

Spark Streaming 同样支持窗口（Window）计算，它允许在一个滑动窗口数据上应用转换（Transformation）算子。

图 5-22 中，红色实线表示窗口当前的滑动位置，虚线表示前一次窗口位置，窗口每次滑动定长的距离，该距离内的所有的 RDD 作为一批次数据处理，生成一个窗口 DStream（Windowed DStream）。

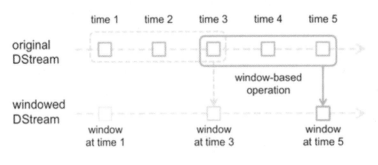

图 5-22　窗口操作

窗口操作需要设置两个基本参数：

- 窗口长度（Window Length）：即窗口的持续时间，上图中的窗口长度为 3。
- 滑动间隔（Sliding Interval）：窗口操作执行的时间间隔，上图中的滑动间隔为 2。

这两个参数必须是原始 DStream 批处理间隔（Batch Interval）的整数倍（上图中的原始 DStream 的批处理间隔为 1）。

5.5　Spark MLlib 数据挖掘库

5.5.1　机器学习定义

关于什么是机器学习，维基百科上给出了如下定义：

- 机器学习是一门人工智能的科学，该领域的主要研究对象是人工智能，特别是如何在经验学习中改善具体算法的性能。
- 机器学习是对能通过经验自动改进的计算机算法的研究。
- 机器学习是用数据或以往的经验，以此优化计算机程序的性能标准。

机器学习的几个关键要素是算法设计、经验学习、性能评估、算法优化（见图 5-23）。

机器学习是一种通过利用算法对数据进行训练，训练出模型后，使用模型进行预测的一种方法。机器学习总体流程是：利用已有数据集，通过算法构建出模型，并对模型进行各种指标的评估，评估的指标如果符合要求，就用这个模型来测试其他的数据，如果指标不符合要求就要进行算法优化来重新建立模型，再次进行评估，如此循环往复，最终获得最佳的模型来处理其他的数据。

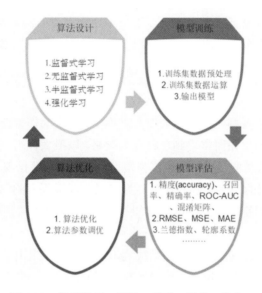

图 5-23　机器学习：算法、模型、评估、优化

机器学习的算法可以分为监督式学习、无监督式学习、半监督式学习和强化学习这几种类别，下面分别对以上几类机器学习算法进行介绍：

1. 监督式学习

监督是从已经有标签的数据集中学习一个函数（或者模型），对新的同类数据，使用这个已经得到的函数或者模型进行预测。在监督式学习下，输入数据被称为"训练数据集"，监督式学习的训练数据集要求包含特征标签，训练集中的每组训练数据都有一个明确的标签，这些标签是已经标注好的。在建立预测模型时，监督式学习建立一个学习过程，将模型得到的预测结果与"训练数据"的实际结果进行对比，不断地优化模型，直到模型的预测结果达到一个预期的值。

举例：不仅把书给学生用于训练对书本分类的能力，而且把书分类的结果，比如哪本书属于哪些类别，也交给学生作为参考的标准，让学生学习，进而得出最终的结果。

2. 无监督式学习

相对于监督式学习，无监督式学习的训练数据集是没有标签的。在无监督式学习中，数据没有进行标注，学习模型是为了推断出数据的一些内在结构。常见的应用场景包括关联规则的学习以及聚类等。无监督式学习看起来比较困难，只能凭借强大的计算能力对数据的特征进行分析，从而得到一定的成果，通常是得到一些集合，集合内的数据在某些特征上相同或相似。

举例：只给学生进行未分类的书本进行训练，不提供参考的标准，学生只能自己分析哪些书比较像，根据相同与相似点列出清单，说明哪些书比较可能是同一类别的。

3. 半监督式学习

半监督式学习是介于监督式学习与无监督式学习之间一种机器学习方式,对于半监督式学习，其训练的数据集一部分是有标签的，另一部分没有标签，一般没有标注的数据数量会远大于有标注的数据数量。半监督式学习还可以进一步划分为纯半监督式学习和直推式学习。

举例：给学生很多未分类的书本与少量已分类的书本，清单上说明哪些书属于同一类别，让学生进行书本的分类。

4. 强化学习

强化学习用于研究学习器在与环境的交互过程中，每个动作都会对环境有所影响，学习器根据观察到的周围环境的反馈而学习到一种行为策略，以最大化得到累积奖赏。在这种学习模式下，输入数据作为对模型的反馈，不像监督模型那样，输入数据仅仅是作为一个检查模型对错的方式，强化学习反馈的是将奖励和惩罚转为积极和消极行为的信号进行反馈。强化学习的典型例子是机器人自我识别，自我训练。比如 AlphaGo 通过外接新的数据接入，形成自我完善的新模型。

举例：一只小白鼠在迷宫里面，目的是找到出口，如果它走出了正确的步子，就会给它正反馈（比如给糖），否则给出负反馈（比如敲打一下），那么，当它走完所有的道路后。无论把它放到哪儿，它都能通过以往的学习找到通往出口最正确的道路。

MLlib（Machine Learning lib）是 Spark 对常用的机器学习算法的实现库，同时包括相关的测试和数据生成器。Spark 的设计初衷就是为了支持一些迭代的 Job，这正好符合很多机器学习算法的特点。Spark 官方首页中展示了 Logistic Regression 算法在 Spark 和 Hadoop 中运行的性能比较，如图 5-24 所示。

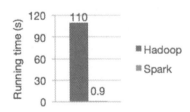

图 5-24 Logistic Regression 算法在 Spark 和 Hadoop 中运行的性能比较

5.5.2　Spark MLlib 的优势

Spark MLlib 的优势表现在速度快和通信效率高两个方面：

（1）速度快：机器学习算法一般都有很多个步骤迭代计算的过程，机器学习的计算需要在多次迭代后获得足够小的误差或者足够收敛才会停止。迭代时如果使用 Hadoop 的 MapReduce 计算框架，每次计算都要读/写磁盘以及任务的启动等工作，这会导致非常大的 I/O 和 CPU 消耗。而 Spark 基于内存的计算模型天生就擅长迭代计算，多个步骤计算直接在内存中完成，只有在必要时才会操作磁盘和网络，所以说 Spark 正是机器学习的理想的平台。

（2）通信效率高：从通信的角度讲，如果使用 Hadoop 的 MapReduce 计算框架，JobTracker 和 TaskTracker 之间由于是通过心跳（Heartbeat）信号的方式来进行通信和传递数据，会导致非常慢的执行速度。而 Spark 具有出色而高效的 Akka 和 Netty 通信系统，通信效率极高。

5.5.3　Spark MLlib 支持的机器学习类型

MLlib 目前支持 4 种常见的机器学习类型：分类、回归、聚类和协同过滤。MLlib 的结构如图 5-25 所示。

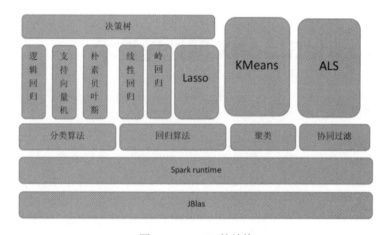

图 5-25　MLlib 的结构

MLlib 主要包含 3 个部分。

（1）底层基础：包括 Spark 的运行库、矩阵库和向量库。

（2）算法库：包含广义线性模型、推荐系统、聚类、决策树和评估的算法。

（3）实用程序：包括测试数据的生成、外部数据的读入等功能。

如图 5-26 所示是 SparkMLlib 的架构。

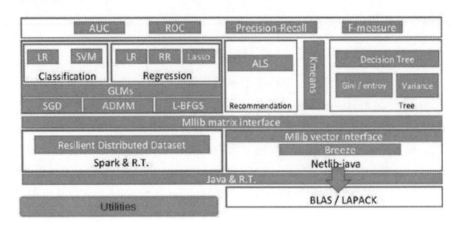

图 5-26　SparkMLlib 的架构

总之，机器学习是一门人工智能的科学，MLlib 是 Spark 对常用的机器学习算法的实现库，同时包括相关的测试和数据生成器。与 MR 相比，MLlib 有速度上的天生优势。MLlib 主要包含 3 个部分：底层基础、算法库、实用程序。

5.6　Spark GraphX 图处理技术

Spark GraphX 是一个分布式图处理框架，它是基于 Spark 平台为图计算和图挖掘提供了简洁易用且丰富的接口，极大地方便了对分布式图处理的需求。

众所周知，社交网络中人与人之间有很多关系链，例如 Twitter、Facebook、微博和微信等，这些都是大数据产生的地方，都需要图计算。现在的图处理基本都是分布式的图处理，而并非单机处理。Spark GraphX 由于底层是基于 Spark 来处理的，所以天然就是一个分布式的图处理系统。

图的分布式或者并行处理其实是把图拆分成很多的子图，然后分别对这些子图进行计算，计算的时候可以分别进行迭代分阶段的计算，即对图进行并行计算。

例如，拿到 Wikipedia 的网页文档以后，可以把它变成 LinkTable 形式的视图，然后基于 LinkTable 形式的视图可以分析成 Hyperlink（超链接），最后我们可以使用 PageRank（页面排名）去分析得出 Top Communities。在下面路径中的 Editor Graph 到 Community，这个过程可以称之为 Triangle Computation 三角形计算，这是计算三角形的一个算法，基于此会发现一个社区。

从上面的分析中我们可以发现图计算有很多的做法和算法，同时也发现图和表格可以做互相的转换。

图 5-27 展示了一个图计算的简单示例。

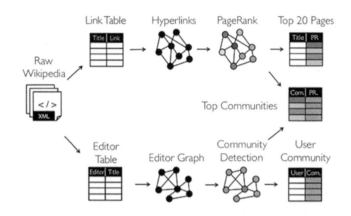

图 5-27　一个图计算的简单示例

　　Spark 每个子模块都有一个核心抽象，GraphX 的核心抽象是 Resilient Distributed Property Graph（弹性分布式属性图），一种点和边都带属性的有向多重图。它扩展了 Spark RDD 的抽象，有 Table 和 Graph 两种图，而只需要一份物理存储。两种图都有自己独有的操作符，从而获得了灵活操作和执行效率。GraphX 架构图如图 5-28 所示。

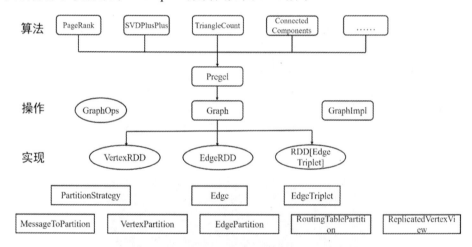

图 5-28　GraphX 的架构

GraphX 的发展历程如图 5-29 所示。

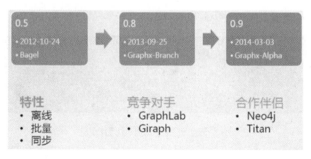

图 5-29　GraphX 的发展历程

图 5-30 是一个 GraphX 的实例，假设有 6 个人，每个人都有名字和年龄，这些人根据社会关系形成 8 条边，每条边有其属性。

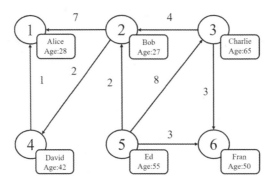

图 5-30　一个 GraphX 的实例

总之，Spark GraphX 是一个分布式图处理框架，它是基于 Spark 平台提供对图计算和图挖掘简洁易用且丰富的接口，极大地方便了对分布式图处理的需求。可以通过 GraphX 方便地构建一个图系统，并随意遍历图的点和线。

5.7 Spark 编程实例

实例概述：上传原始数据，编辑 Scala 语言，提交到 Spark 服务器做计算。业务的功能表示是统计每个词出现的次数，并把统计的结果在命令窗口打印出来。

（1）第一步：编辑要分析的原始数据文件，如图 5-31 所示。

```
[root@hadoop spark]# vi example1.txt
a
b
c
d
a
b
```

图 5-31　编辑要分析的原始数据文件

并把数据上传到 HDFS 中，如图 5-32 所示。

```
[root@hadoop spark]# hadoop fs -put example1.txt /input_spark
[root@hadoop spark]#
[root@hadoop spark]#
[root@hadoop spark]#
[root@hadoop spark]# hadoop fs -ls /input_spark
Found 1 items
-rw-r--r--   3 root supergroup         12 2016-04-25 14:15 /input_spark/example1.txt
```

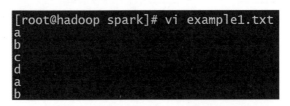

图 5-32　把数据上传到 HDFS

（2）第二步：在 Scala IDE 编写 Scala 代码，并生成 class 文件，如图 5-33 所示。

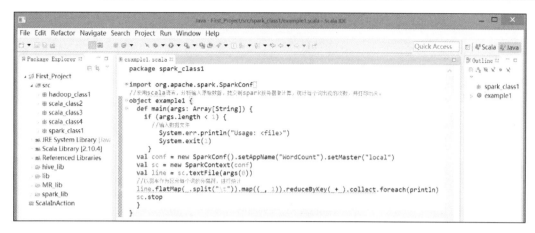

图 5-33　生成 class 文件

（3）第三步：把对应的代码导出，存储为 jar 的文件，如图 5-34 所示。

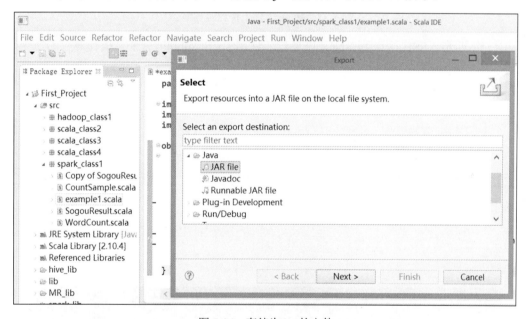

图 5-34　存储为 jar 的文件

把 jar 文件上传到服务器上，如图 5-35 所示。

图 5-35　把 jar 文件上传到服务器

（4）第四步：SSH 登录到 Spark 服务器，使用 spark-submit 命令，执行对应的命令，脚本如下：

```
#执行的 Spark 脚本
spark-submit --master spark://127.0.0.1:7077 --class
spark_class1.example1 --executor-memory 256M example1.jar
hdfs://127.0.0.1:8020/input_spark/example1.txt
```

操作页面如图 5-36 所示。

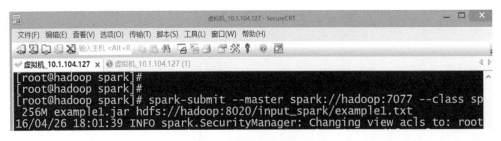

图 5-36　操作页面

（5）第五步：执行完例子代码后，最后在页面会输出下面的结果，如图 5-37 所示。

图 5-37　输出的结果

　　对比一下原始的数据，如图 5-38 所示，可以发现：a 出现 2 次，b 出现 2 次，c 出现 1 次，d 出现 1 次，说明输出的结果是正确的。

```
[root@hadoop spark]# hadoop fs -cat /input_spark/example1.txt
a
b
c
d
a
b
```

图 5-38　对比输出的结果

第 6 章

◀ 大数据分析挖掘 ▶

本章学习目标

● 了解大数据分析的概述。

● 了解分类算法的基础知识。

● 了解决策树算法的基本知识。

● 了解推荐算法的基本知识。

● 了解 Apriori 算法的基本知识。

本章先向读者介绍数据分析和数据挖掘的区别,再介绍常见的数据分析挖掘工具和数据挖掘算法,最后详细介绍分类算法、决策树算法、推荐算法、Apriori 算法。

6.1 大数据分析概述

6.1.1 数据分析与数据挖掘的区别

数据分析可以分为广义的数据分析和狭义的数据分析,广义的数据分析就包括狭义的数据分析和数据挖掘,我们常说的数据分析就是指狭义的数据分析。

下面从定义、目的、作用、方法、结果等五个方面将数据分析和数据挖掘进行对比。

1. 定义

数据分析是指根据分析目的,用适当的统计分析方法及工具,对收集来的数据进行处理与分析,提取有价值的信息,发挥数据的作用。

数据挖掘是指从大量的数据中,通过统计学、人工智能、机器学习等方法,挖掘出当前未知的且有价值的信息和知识的过程。

2. 目的

数据分析目的明确,先做假设,然后通过数据分析来验证假设是否正确,从而得到相应的结论。

数据挖掘寻找未知的模式与规律,如我们常说的案例:啤酒与尿布、飓风用品与蛋挞等,就是事先未知的,但又非常有价值的信息。

3. 作用

数据分析:现状分析、原因分析、预测分析(定量)。

数据挖掘：分类、聚类、关联、预测（定量、定性）。

4. 方法

数据分析：对比分析、分组分析、交叉分析、回归分析等常用分析方法。

数据挖掘：决策树、神经网络、关联规则、聚类分析等统计学、人工智能、机器学习方法进行挖掘。

5. 结果

数据分析一般都是得到一个指标统计量结果，如总和、平均值等，这些指标数据都需要与业务结合进行解读，才能发挥出数据的价值与作用。

数据挖掘输出模型或规则，且可相应地得到模型得分或标签，模型得分如流失概率值、总和得分、相似度、预测值等，标签如高中低价值用户、流失与非流失、信用优良中差等。

综合起来，数据分析（狭义）与数据挖掘的本质都是一样的，都是从数据里面发现关于业务的知识（有价值的信息），从而帮助业务运营、改进产品以及帮助企业做更好的决策。所以数据分析（狭义）与数据挖掘构成广义的数据分析。

6.1.2　常见数据分析挖掘工具

常见的数据分析挖掘工具及官网地址如表 6-1 所示。

表 6-1　常见的数据分析挖掘工具及官网地址

数据分析挖掘工具	官网地址
SAS	http://www.sas.com/
SPSS	
R	https://www.r-project.org/
Python	https://www.python.org/
Matlab	https://www.mathworks.com/
Weka	https://weka.pentaho.org
Eviews	http://www.eviews.com/home.html
Stata	https://www.stata.com/

1. SAS

SAS（Statistical Analysis System）是全球最大的软件公司之一，是由美国 North Carolina 州立大学 1966 年开发的统计分析软件。

1976 年 SAS 软件研究所（SAS Institute INC）成立，开始进行 SAS 系统的维护、开发、销售和培训工作。期间经历了许多版本，并经过多年来的完善和发展，SAS 系统在国际上已被誉为统计分析的标准软件，在各个领域得到广泛应用。

2. SPSS

SPSS（Statistical Product and Service Solutions）指"统计产品与服务解决方案"软件。最初软件全称为"社会科学统计软件包"（Solutions Statistical Package for the Social Sciences），

但是随着 SPSS 产品服务领域的扩大和服务深度的增加，SPSS 公司于 2000 年正式将全称更改为"统计产品与服务解决方案"，这标志着 SPSS 的战略方向做出了重大调整。SPSS 是 IBM 公司推出的一系列用于统计学分析运算、数据挖掘、预测分析和决策支持任务的软件产品及相关服务的总称，有 Windows 和 Mac OS X 等版本。

3. R 语言

R 是统计领域广泛使用的一门语言，是诞生于 1980 年左右的 S 语言的一个分支。可以认为 R 是 S 语言的一种实现。而 S 语言是由 AT&T 贝尔实验室开发的一种用来进行数据探索、统计分析和作图的解释型语言。最初 S 语言的实现版本主要是 S-Plus。

S-Plus 是一个商业软件，它基于 S 语言，并由 MathSoft 公司的统计科学部进一步完善。后来新西兰奥克兰大学的 Robert Gentleman 和 Ross Ihaka 及其他志愿人员开发了一个 R 系统。由"R 开发核心团队"负责开发。R 可以看作贝尔实验室（AT&T BellLaboratories）的 RickBecker、JohnChambers 和 AllanWilks 开发的 S 语言的一种实现。当然，S 语言也是 S-Plus 的基础。所以，两者在程序语法上可以说是几乎一样的，只是在函数方面有细微差别，程序十分容易移植，而很多 S 程序只要稍加修改也能运用于 R。

4. Python

Python 拥有一个强大的标准库。Python 语言的核心只包含数字、字符串、列表、字典、文件等常见类型和函数，而由 Python 标准库提供了系统管理、网络通信、文本处理、数据库接口、图形系统、XML 处理等额外的功能。Python 标准库命名接口清晰、文档良好，很容易学习和使用。

Python 社区提供了大量的第三方模块，使用方式与标准库类似。它们的功能无所不包，覆盖科学计算、Web 开发、数据库接口、图形系统多个领域，并且大多成熟而稳定。

5. MATLAB

MATLAB（矩阵实验室）是 MATrix LABoratory 的缩写，是一款由美国 MathWorks 公司出品的工程与科学计算软件。它提供一种用于算法开发、数据可视化、数据分析以及数值计算的高级技术计算语言和交互式环境。

MATLAB 具有以下优势：

（1）程序语言易学，其代码编辑、调试交互式环境比较人性化，易于初学者上手。

（2）具有较高的开放性，不仅提供功能丰富的内置函数供用户调用，也允许用户编写自定义函数来扩充功能。

（3）学术界和业界最常用的算法设计平台，具有丰富的网络资源，很多用户根据自己的需要定义最新的算法或函数工具箱，并放在互联网上共享。

6. Weka

Weka 的全名是怀卡托智能分析环境（Waikato Environment for Knowledge Analysis），是一款免费的、非商业化（与之对应的是 SPSS 公司商业数据挖掘产品 Clementine）的，基于 Java

环境下开源的机器学习以及数据挖掘软件。

Weka 及其源代码可在它的官方网站下载。有趣的是，该软件的缩写 Weka 也是新西兰独有的一种鸟名，而 Weka 的主要开发者同时恰好来自新西兰的 The University of Waikato。

7. EViews

EViews 是 Econometrics Views 的缩写，直译为计量经济学观察，通常称为计量经济学软件包。它的本意是对社会经济关系与经济活动的数量规律，采用计量经济学方法与技术进行"观察"。计量经济学研究的核心是设计模型、收集资料、估计模型、检验模型、应用模型（结构分析、经济预测、政策评价）。

EViews 是完成上述任务比较得力的必不可少的工具。正是由于 EViews 等计量经济学软件包的出现，使计量经济学取得了长足的进步，发展成为一门较为实用与严谨的经济学科。

8. Stata

Stata 是一套提供数据分析、数据管理以及绘制专业图表的完整及整合性统计软件。它提供了许多功能，包含线性混合模型、均衡重复反复以及多项式普罗比模式。用 Stata 绘制的统计图形相当精美。

Stata 的统计功能很强，除了传统的统计分析方法外，还收集了近 20 年发展起来的新方法，如 Cox 比例风险回归、指数与 Weibull 回归、多类结果与有序结果的 Logistic 回归、Poisson 回归、负二项回归及广义负二项回归、随机效应模型等。

6.1.3 数据挖掘十大算法介绍

数据挖掘十大算法分类如下：

- 分类算法：C4.5. CART、Adaboost、NaiveBayes、KNN、SVM。
- 聚类算法：K-Means。
- 统计学习：EM。
- 关联分析：Apriori。
- 链接挖掘：PageRank。

其中，EM 算法虽可以用来聚类，但是由于 EM 算法进行迭代速度很慢，比 K-Means 性能差很多，并且 K-Means 算法聚类效果没有比 EM 差多少，所以一般用 K-Means 进行聚类，而不是 EM。EM 算法的主要作用是用来进行参数估计，故将其分入统计学习类。SVM 算法在回归分析，统计方面也有不小的贡献，并且在分类算法中也占有一定地位，因此可以将 SVM 分入分类算法中。

1. 分类算法：C4.5

C4.5 算法的核心思想是以信息增益率为衡量标准实现对数据归纳分类。其优点是产生的分类规则易于理解，准确率较高，缺点是在构造数的过程中，需要对数据集进行多次的顺序扫描和排序，因而导致算法的低效。该算法的应用领域包括临床决策、正产制造、文档分析、生物信息学、空间数据建模等。

2. 分类算法：CART

CART 算法的核心思想是以基于最小距离的基尼指数估计函数为衡量标准对数据进行递归分析。其优点是抽取规则简便且易于理解，面对存在缺失值、变量数多等问题时非常稳健。缺点是要求被选择的属性只能产生两个子节点，类别过多时错误可能增加的较快。CART 算法的应用领域包括信息失真识别、电信业潜在客户识别、预测贷款风险等等。

3. 分类算法：Adaboost

Adaboost 算法的核心思想是针对同一个训练集训练不同的分类器（弱分类器），然后把这些弱分类器集合起来，构成一个更强的最终分类器（强分类器）。其优点是高精度，简单无须进行特征筛选，不会过度拟合。缺点是训练时间过长，执行效果依赖于弱分类器的选择。该算法广泛应用于人脸检测、目标识别等领域。

4. 分类算法：NaiveBayes

NaiveBayes 算法的核心思想是通过某对象的先验概率，利用贝叶斯公式计算出其后验概率，即该对象数据某一类的概率，选择具有最大后验概率的类作为该对象所属的类。其优点是算法简单，所需估计的参数很少，对缺失数据不太敏感。缺点是属性个数比较多或者属性之间相关性较大时分类效率下降。该算法的应用领域包括垃圾邮件过滤和文本分类等。

5. 分类算法：KNN

KNN算法的核心思想是如果一个样本在特征空间中的 k 个最相似（即特征空间中最邻近）的样本中的大多数属于某一个类别，那么该样本也属于这个类别。其优点是简单，无须估计参数，无须训练，适合于多分类问题。缺点是计算量较大，可解释性较差，无法给出决策树那样的规则。该算法的应用领域包括客户流失预测、欺诈侦测等（更适合于稀有事件的分类问题）。

6. 分类算法：SVM

SVM 算法的核心思想是建立一个最优决策超平面，使得该平面两侧距离平面最近的两类样本之间的距离最大化，从而对分类问题提供良好的泛化能力。其优点是更好的泛化能力，解决非线性问题的同时避免了维度灾难，可找到全局最优。缺点是运算效率低，计算时占用资源过大。该算法的应用领域包括遥感图像分类、污水处理过程运行状态监控等。

7. 聚类算法：K-Means

K-Means 算法的核心思想是输入聚类个数 k，以及包含 n 个数据对象的数据库，输出满足方差最小标准的 k 个聚类。其优点是运算速度快，缺点是聚类数目 k 是一个输入参数，不合适的 k 值可能返回较差的结果。该算法的应用领域包括图片分割、分析商品相似度进而归类商品、分析公司的客户分类以使用不同的商业策略等。

8. 统计学习：EM

EM 的核心思想是通过 E 步骤和 M 步骤使得期望最大化。其优点是简单稳定，缺点是选代速度慢次数多,容易陷入局部最优。该算法的应用领域包括参数估计、计算机视觉的数据集聚等。

9. 关联分析:Apriori

Apriori 的核心思想是基于两阶段频繁项集的挖掘关联规则。其优点是简单、易理解、数据要求低。缺点是 I/O 负载大,产生过多的候选项目集。该算法的应用领域包括消费市场价格分析、入侵检测、移动通信领域等。

10. 页面排名:PageRank

PageRank 的核心思想是:从许多优质的网页链接过来的网页,必定还是优质网页的回归关系,以此来判定所有网页的重要性。其优点是完全独立于查询,只依赖于网页链接结构,可以离线计算。缺点是忽略了网页搜索的时效性,旧网页排序很高,存在时间长,积累了大量的入链(in-link),拥有最新信息的新网页排名却很低,因为它们几乎没有入链。该算法的应用领域包括页面排序。

6.2 分类算法概述

6.2.1 分类预测常见算法

分类预测常见算法如表 6-2 所示。

表 6-2 分类预测常见算法

算法名称	算法描述
回归分析	回归分析是确定预测属性(数值型)与其他变量间相互依赖的定量。关系的最常用的统计学方法。包括线性回归、非线性回归、Logistic 回归、岭回归、主成分回归、偏最小二乘回归等模型
决策树	决策树采用自顶向下的递归方式,在内部结点进行属性值的比较,并根据不同的属性值从该结点向下分支,叶结点是要学习划分的类
人工神经网络	人工神经网络是一种模仿大脑神经网络结构和功能而建立的信息处理系统,表示神经网络的输入与输出变量之间关系的模型
贝叶斯网络	贝叶斯网络又称信度网络,是贝叶斯(Bayes)方法的扩展,是目前不确定知识表达和推理领域最有效的理论模型之一
支持向量机	支持向量机根据有限的样本信息,在模型的复杂性和学习能力之间寻求最佳折中,以获得最好的推广能力

6.2.2 分类预测实现过程

分类和预测是预测问题的两种主要类型:

- 分类主要是预测分类标号（离散、无序的）。
- 预测主要是建立连续值函数模型，预测给定自变量的条件下因变量的值。

分类是指将数据映射到预先定义好的群组或类。因为在分析测试数据之前，类别就已经确定了，所以分类通常被称为有监督的学习。分类算法要求基于数据属性值来定义类别。分类就是构造一个分类模型，把具有某些特征的数据项映射到某个给定的类别上。如图 6-1 是一个三分类问题。

图 6-1　三分类问题

预测是指确定两种或两种以上变量间相互依赖的函数模型，然后进行预测或控制。分类和预测的实现过程类似，以分类模型为例，实现过程如图 6-2 所示。

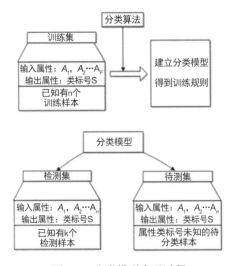

图 6-2　分类模型实现过程

分类算法有两步过程：

- 第一步：学习步，通过归纳分析训练样本集来建立分类模型得到分类规则。
- 第二步：分类步，先用已知的检验样本集评估分类规则的准确率，如果准确率是可以接受的，就使用该模型对未知类标号的待测样本集进行预测。

预测模型的实现也有两步，类似于分类模型：

- 第一步：通过训练集建立预测属性（数值型的）的函数模型。
- 第二步：预测，模型通过检验后再进行预测或控制。

分类预测的常见算法包括以下几个：

- 回归分析：回归分析是确定预测属性（数值型）与其他变量间相互依赖的定量。关系的最常用的统计学方法。包括线性回归、非线性回归、Logistic 回归、岭回归、主成分回归、偏最小二乘回归等模型。
- 决策树：决策树采用自顶向下的递归方式，在内部结点进行属性值的比较，并根据不同的属性值从该结点向下分支，叶结点是要学习划分的类。
- 人工神经网络：一种模仿大脑神经网络结构和功能而建立的信息处理系统，表示神经网络的输入与输出变量之间关系的模型。
- 贝叶斯网络：贝叶斯网络又称信度网络，是贝叶斯（Bayes）方法的扩展，是目前不确定知识表达和推理领域最有效的理论模型之一。
- 支持向量机：支持向量机根据有限的样本信息在模型的复杂性和学习能力之间寻求最佳折中，以获得最好的推广能力。

6.3　决策树算法介绍

6.3.1　决策树的定义

决策树（Decision Tree），又称为判定树，是数据挖掘技术中的一种重要的分类方法，它是一种以树结构（包括二叉树和多叉树）形式来表达的预测分析模型。决策树通过把实例从根节点排列到某个叶子节点来分类实例，叶子节点即为实例所属的分类，树上的每个节点说明了对实例的某个属性的测试节点的每个后继分支对应于该属性的一个可能值。图 6-3 所示是决策树的一个例子。

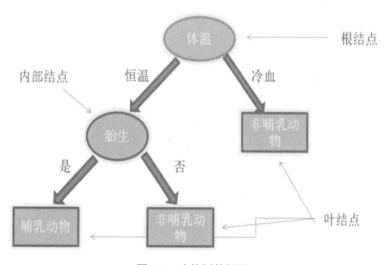

图 6-3　决策树的例子

6.3.2　决策树的优缺点

决策树的优点：

（1）决策树易于理解和实现，人们在学习过程中不需要使用者了解很多的背景知识，同时它能够直接体现数据的特点，只要通过解释后都有能力去理解决策树所表达的意义。

（2）对于决策树，数据的准备往往是简单或者是不必要的，而且能够同时处理数据型和常规型属性，在相对短的时间内能够对大型数据源做出可行且效果良好的结果。

（3）易于通过静态测试来对模型进行评测，可以测定模型可信度。如果给定一个观察的模型，那么根据所产生的决策树很容易推出相应的逻辑表达式。

决策树的缺点：

（1）对连续性的字段比较难预测。
（2）对有时间顺序的数据，需要做很多预处理的工作。
（3）当类别太多时，错误可能就会增加得比较快。
（4）一般的算法分类的时候，只是根据一个字段来分类。

6.3.3　决策树的发展

决策树的发展历程如图 6-4 所示。

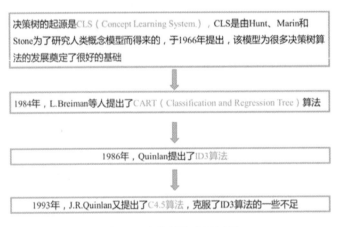

图 6-4　决策树的发展历程

6.3.4　决策树的构造流程

决策树的构造流程如图 6-5 所示。

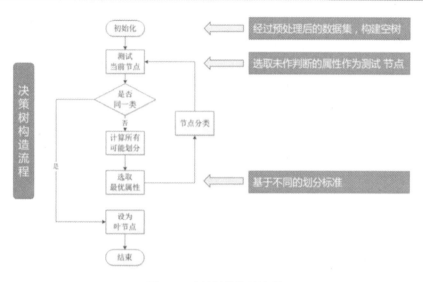

图 6-5　决策树的构造流程

6.3.5　决策树的相关指标

决策树的相关指标包括熵、条件熵和信息增益。

1. 熵

$$H(X) = -\sum_{i=1}^{n} p_i \log_2^{p_i} = H(p)$$

（1）熵越大，随机变量的不确定性越大。

（2）熵只依赖于 X 的分布，与 X 的取值无关。

（3）$0 \leqslant H(P) \leqslant \log_2^{n}$。

2. 条件熵

$$H(Y \mid X) = -\sum_{i=1}^{n} p_i H(Y \mid X = x_i) \quad p_i = P(X = x_i)$$

3. 信息增益

$$g(D, A) = H(D) - H(D \mid A)$$

（1）$H(D)$ 表示对数据集 D 进行分类的不确定性。

（2）$H(D \mid A)$ 表示在特征 A 给定的条件下，对数据集 D 进行分类的不确定性。

（3）$g(D, A)$ 表示由特征 A 而使得对数据集 D 的分类的不确定性减少的程度。

（4）信息增益大的特征具有更强的分类能力。

4. 信息增益的算法

设训练数据集为 D，$|D|$ 表示其样本容量，即样本个数，设有 K 个类 C_k，$K=1,2,\ldots,K,|C_K|$

为属于类 C_k 的样本个数，$\sum_{k=1}^{K}|C_k|=|D|$。设特征 A 有 n 个不同的取值 $\{a_1, a_2, \ldots a_n\}$，根据特征 A 的取值将 D 划分为 n 个子集 $D_1, D_2, \ldots, D_n$，$|D_i|$ 为 D_i 的样本个数，$\sum_{i=1}^{n}|D_i|=|D|$。记子集 D_i 中属于类 C_k 的样本的集合为 D_{ik}，$|D_{ik}|$ 为 D_{ik} 的样本个数，信息增益的算法如下：

（1）计算数据集 D 中的经验熵 $H(D)$，$H(D)=-\sum_{k=1}^{K}\dfrac{|C_k|}{|D|}\log_2\dfrac{|C_k|}{|D|}$。

（2）计算特征 A 对数据集 D 的经验条件熵 $H(D\mid A)$，$H(D\mid A)=\sum_{i=1}^{n}\dfrac{|D_i|}{|D|}H(D_i)=-\sum_{i=1}^{n}\dfrac{|D_i|}{|D|}\sum_{k=1}^{K}\dfrac{|D_{ik}|}{|D_i|}\log_2\dfrac{|D_{ik}|}{|D_i|}$。

（3）计算信息增益：$g(D, A)=H(D)-D(D\mid A)$。

6.3.6 常见决策树算法

常见的决策树算法包括 ID3 算法、C4.5 算法和 CART 算法等，如表 6-3 所示。

表 6-3 常见决策树算法

决策树算法	算法描述
ID3 算法	ID3 算法核心是在决策树的各级节点上，使用信息增益方法作为属性的选择标准，来帮助确定生成每个节点时所应采用的合适属性
C4.5 算法	C4.5 决策树生成算法相对于 ID3 算法的重要改进是使用信息增益率来选择节点属性。C4.5 算法可以克服 ID3 算法存在的不足：ID3 算法只适用于离散的描述属性，而 C4.5 算法既能够处理离散的描述属性，也可以处理连续的描述属性
CART 算法	CART 决策树是一种十分有效的非参数分类和回归方法，通过构建树、修剪树、评估树来构建一个二叉树。当终结点是连续变量时，该树为回归树；当终结点是分类变量，该树为分类树

1. ID3 算法

ID3 算法的核心是在决策树的各级节点上，使用信息增益方法作为属性的选择标准，来帮助确定生成每个节点时所应采用的合适属性。

（1）若 D 中所有的实例属于同一类 C_k，则 T 为单节点树，并将类 C_k 作为该节点的类标记，返回 T。

（2）若 $A=\varphi$，则 T 为单节点树，则将 D 中实例数最大的类 C_k 作为该节点的类标记，返回 T；

（3）否则，计算 A 中各特征对 D 的信息增益，选择信息增益最大的特征 A_g。

（4）如果 A_g 的信息增益小于阈值，则设置 T 为单结点树，并将 D 中实例数最大的类 C_k

作为该节点的类标记，返回 T。

（5）否则，对 A_g 的每一可能取值 a_i，依 $A_g=a_i$ 将 D 分割为若干非空子集 D_i，将 D_i 中实例最大的类作为标记，构建子节点，由节点及子节点构建成树 T，返回 T。

（6）对第 i 个子节点，以 D_i 为训练集，以 $A-\{A_g\}$ 为特征集，递归地调用（1）~（5）步，得到子树 T_i，返回 T_i。

ID3 算法选用最大信息增益的属性作为决策树分裂属性。在算法实际应用中，这种方法偏向于选择多值属性，但属性取值数目的多少与属性的匹配并无真正关联。这样在使用 ID3 算法构建时，若出现各属性值取值数分布偏差大的情况，分类精度会大打折扣。其次，ID3 算法本身并未给出处理连续数据的方法，且不能处理带有缺失值的数据集，故在进行算法挖掘之前需要对数据集中的缺失值进行预处理。

2. C4.5 算法

C4.5 决策树生成算法相对于 ID3 算法的重要改进是使用信息增益率来选择节点属性。C4.5 算法可以克服 ID3 算法存在的不足：ID3 算法只适用于离散的描述属性，而 C4.5 算法既能够处理离散的描述属性，也可以处理连续的描述属性。总结来说，C4.5 算法在以下几个方面做出了改进：

（1）使用信息增益比而不是使用信息增益作为分裂标准

信息增益比计算公式如下：

$$g_R(D, A) = \frac{g(D, A)}{H_A(D)}$$

在上式中，$g_R(D, A)$ 表示特征 A 对训练数据集 D 的信息增益比，$g(D, A)$ 表示特征 A 对训练数据集 D 的信息增益，$H_A(D)$ 称为分裂信息，它反映了属性分裂数据的延展度与平衡性，计算公式如下：

$$H_A(D) = -\sum_{i=1}^{n} \frac{|D_i|}{|D|} \log_2 \frac{|D_i|}{|D|}$$

（2）处理含有带缺失值属性的样本

C4.5 算法在处理缺失数据时最常用的方法是将这些值并入最常见的某一类中或是以最常用的值代替之。

（3）处理连续值属性

以每个数据作为阈值划分数据集，代价是否过大？

图 6-6 所示的是 C4.5 算法处理连续值属性的过程。

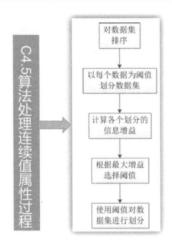

图 6-6　C4.5 算法处理连续值属性的过程

（4）规则的产生

决策树每条根节点到叶节点的路径都对应一个分类规则，可将所有这些路径综合转换为一个规则集。规则集存储于一个二维数组中，每一行代表决策树的一个规则。

（5）交叉验证（Cross Validation）

交叉验证是一种模型的评估方法。在训练开始之前，预留一部分数据，而在训练之后，使用这部分数据对学习的结果进行验证，这种方法叫作交叉验证。交叉验证最简单的方法是两分法，将数据集划分为两个独立子集，一个称为训练集，一个称为测试集。另一种方法是 K 次折叠交叉验证，将数据集划分为 K 个子集，留取一个作为测试集，其余 K-1 个作为训练集，最后对数据子集的错误数计算平均值。

从上面的改进描述可以看到，C4.5 相对于 ID3 有了许多提高，虽然如此，C4.5 仍然存在一定的不足之处。它在测试属性的判断和样本集分割方面仍旧存在一定的偏向性，同时 C4.5 生成的决策树还称不上简洁，特别是对于数据属性及其取值较多的情况。因此，人们还在不断改进现有算法和提出新的算法。

3. CART 算法

CART（Classification And Regression Tree）决策树算法模型采用的是二叉树形式，利用二分递归将数据空间不断划分为不同子集。同样地，每一个叶节点都有着与之相关的分类规则，对应了不同的数据集划分。

CART 决策树是一种十分有效的非参数分类和回归方法，通过构建树、修剪树、评估树来构建一个二叉树。当终结点是连续变量，该树为回归树；当终结点是分类变量，该树为分类树。

为了减小 CART 决策树的深度，在决策树某一分支节点对比数据集大多数为一类时，即将该分支设为叶节点。

在分类问题中，假设有 K 个类，样本点属于第 K 类的概率是 p_k，则概率分布的基尼指数：

$$Gini(p) = \sum_{k=1}^{K} p_k \left(1 - p_k\right) = 1 - \sum_{k=1}^{K} p_k^2$$

CART 算法采用基尼（Gini）系数作为属性分裂的标准。

若样本集合 D 根据特征 A 是否取某一可能值 a 被分割成 D_1 和 D_2 两部分，$D_1=\{(x,y)\in D|A(x)=a\}$，$D_2=D-D_1$，则特征 A 的条件下，集合 D 的基尼指数定义为：

$$Gini(D, A) = \frac{|D_1|}{|D|} Gini(D_1) + \frac{|D_2|}{|D|} Gini(D_2)$$

根据训练数据集，从根节点开始，递归地对每个节点进行以下操作，构建二叉决策树。

（1）设节点的训练集为 D，计算现有的特征对该数据集的基尼指数。此时，对每一个特征 A 对其可能的每个取值 a，根据样本点对 $A=a$ 的测试为"是"或"否"，将 D 分割成 D_1 和 D_2 两部分，计算 $A=a$ 时的基尼指数。

（2）在所有可能的特征 A 以及所有可能的切分点 a 中，选择基尼指数最小的特征及其对应的切分点作为最优特征与最优切分点，按最优特征与最优切分点，从现切分点生成两个子节点，将训练数据集按照特征分配到两个子节点中去。

（3）对两个子节点递归地调用（1）、（2）步骤，直至满足停止条件。停止条件包括节点中的样本个数小于预定阈值、样本集的基尼指数小于预定阈值或没有更多的特征。

（4）生成 CART 决策树。

决策树的学习可能出现过拟合现象，而对决策树进行修剪可以处理这种问题，决策树的修剪分为两步，预（先）剪枝和后剪枝。

第一步：预（先）剪枝方法

（1）通过提前停止树的构造（例如通过决定在给定的节点上不再分裂或划分训练样本的子集）而对树"剪枝"。一旦停止，节点成为叶节点。

（2）确定阈值法：在构造树时，可将信息增益用于评估岔的优良性。如果在一个节点划分样本将导致低于预定阈的分裂，则给定子集的进一步划分将停止。

（3）测试组修剪法：在使用训练组样本产生的新的分岔时，就立刻使用测试组样本去测试这个分岔规则是否能够再现，如果不能，就被视作过度拟合而被修剪掉，如果能够再现，则该分叉予以保留而继续向下分岔。

第二步：后剪枝方法

后剪枝方法是由"完全生长"的树剪去分枝，然后通过删除节点的分枝，剪掉叶节点。案例数修剪是在产生完全生长的树后，根据最小案例数阈值，将案例数小于阈值的树节点剪掉。成本复杂性修剪是当决策树完全成长完后，演算法计算所有叶节点的总和错误率，然后计算去除某一叶节点后的总和错误率，当去除该叶节点的错误率降低或者不变时，则剪掉该节点，反之保留。

后剪枝方法的优点是克服了"视界局限"效应，无须保留部分样本用于交叉验证，所以可以充分利用全部训练集的信息。缺点是计算量远大于预剪枝，特别是在大样本训练集中。

6.4 推荐算法介绍

6.4.1 常用推荐算法介绍

在推荐系统简介中,我们给出了推荐系统的一般框架。很明显,推荐方法是整个推荐系统中最核心、最关键的部分,很大程度上决定了推荐系统性能的优劣。

目前,主要的推荐方法包括:

- 基于内容推荐。
- 协同过滤推荐。
- 基于关联规则推荐。
- 基于效用推荐。
- 基于知识推荐。
- 组合推荐。

1. 基于内容的推荐

基于内容的推荐(Content-based Recommendation)是信息过滤技术的延续与发展,它是建立在项目的内容信息上做出推荐的,而不需要依据用户对项目的评价意见,更多地需要用机器学习的方法从关于内容的特征描述的事例中得到用户的兴趣资料。在基于内容的推荐系统中,项目或对象是通过相关的特征的属性来定义,系统基于用户评价对象的特征,学习用户的兴趣,考察用户资料与待预测项目的相匹配程度。用户的资料模型取决于所用学习方法,常用的有决策树、神经网络和基于向量的表示方法等。基于内容的用户资料是需要有用户的历史数据,用户资料模型可能随着用户的偏好改变而发生变化。

优点:

- 不需要其他用户的数据,没有冷开始问题和稀疏问题。
- 能为具有特殊兴趣爱好的用户进行推荐。
- 能推荐新的或不是很流行的项目,没有新项目问题。
- 通过列出推荐项目的内容特征,可以解释为什么推荐那些项目。
- 已有比较好的技术,如关于分类学习方面的技术已相当成熟。

缺点:

- 要求内容能容易抽取成有意义的特征。
- 要求特征内容有良好的结构性。
- 并且用户的口味必须能够用内容特征形式来表达。
- 不能显式地得到其他用户的判断情况。

2. 协同过滤推荐

协同过滤推荐（Collaborative Filtering Recommendation）技术是推荐系统中应用最早和最为成功的技术之一。它一般采用最近邻技术，利用用户的历史喜好信息计算用户之间的距离，然后利用目标用户的最近邻居用户对商品评价的加权评价值，来预测目标用户对特定商品的喜好程度，系统从而根据这一喜好程度来对目标用户进行推荐。协同过滤最大优点是对推荐对象没有特殊的要求，能处理非结构化的复杂对象，如音乐、电影。

协同过滤是基于这样的假设：为一用户找到他真正感兴趣的内容的好方法是首先找到与此用户有相似兴趣的其他用户，然后将他们感兴趣的内容推荐给此用户。其基本思想非常易于理解，在日常生活中，我们往往会利用好朋友的推荐来进行一些选择。协同过滤正是把这一思想运用到电子商务推荐系统中来，基于其他用户对某一内容的评价来向目标用户进行推荐。

基于协同过滤的推荐系统可以说是从用户的角度来进行相应推荐的，而且是自动的，即用户获得的推荐是系统从购买模式或浏览行为等隐式获得的，不需要用户努力地找到适合自己兴趣的推荐信息，如填写一些调查表格等。

和基于内容的过滤方法相比，协同过滤具有如下的优点：

- 能够过滤难以进行机器自动内容分析的信息，如艺术品、音乐等。
- 共享其他人的经验，避免了内容分析的不完全和不精确，并且能够基于一些复杂的、难以表述的概念（如信息质量、个人品位）进行过滤。
- 有推荐新信息的能力。可以发现内容上完全不相似的信息，用户对推荐信息的内容事先是预料不到的。这也是协同过滤和基于内容的过滤一个较大的差别，基于内容的过滤推荐很多都是用户本来就熟悉的内容，而协同过滤可以发现用户潜在的、但自己尚未发现的兴趣偏好。
- 能够有效地使用其他相似用户的反馈信息，较少用户的反馈量，加快个性化学习的速度。

虽然协同过滤作为一种典型的推荐技术有其相当的应用，但协同过滤仍有许多的问题需要解决。最典型的问题有稀疏问题（Sparsity）和可伸缩问题（Scalability）。

3. 基于关联规则推荐

基于关联规则的推荐（Association Rule-based Recommendation）是以关联规则为基础，把已购商品作为规则头，规则体为推荐对象。关联规则挖掘可以发现不同商品在销售过程中的相关性，在零售业中已经得到了成功的应用。管理规则就是在一个交易数据库中统计购买了商品集 X 的交易中，有多大比例的交易同时购买了商品集 Y，其直观的意义就是用户在购买某些商品的时候有多大倾向去购买另外一些商品。比如购买牛奶的同时，很多人也会购买面包。

算法的第一步关联规则的发现最为关键且最耗时，是算法的瓶颈，但可以离线进行。另外，商品名称的同义性问题也是关联规则的一个难点。

4. 基于效用的推荐

基于效用的推荐（Utility-based Recommendation）是建立在对用户使用项目的效用情况上

计算的，其核心问题是怎么样为每一个用户去创建一个效用函数，因此，用户资料模型很大程度上是由系统所采用的效用函数决定的。基于效用推荐的好处是它能把非产品的属性，如提供产品的可靠性（Vendor Reliability）和产品的可用性（Product Availability）等考虑到效用计算中，以及考虑使用用户对产品的评论等。

5. 基于知识的推荐

基于知识的推荐（Knowledge-based Recommendation）在某种程度是可以看成是一种推理（Inference）技术，它不是建立在用户需要和偏好基础上推荐的。基于知识的方法因它们所用的功能知识不同而有明显区别。效用知识（Functional Knowledge）是一种关于一个项目如何满足某一特定用户的知识，因此能解释需要和推荐的关系，所以用户资料可以是任何能支持推理的知识结构，它可以是用户已经规范化的查询，也可以是一个更详细的用户需要的表示。考虑利用用户浏览、购买、搜索建立用户的兴趣集。

6. 组合推荐

由于各种推荐方法都有优缺点，所以在实际中，组合推荐（Hybrid Recommendation）经常被采用。研究和应用最多的是内容推荐和协同过滤推荐的组合。最简单的做法就是分别用基于内容的方法和协同过滤推荐方法去产生一个推荐预测结果，然后用某方法组合其结果。尽管从理论上有很多种推荐组合方法，但在某一具体问题中并不见得都有效，组合推荐一个最重要原则就是通过组合后要能避免或弥补各自推荐技术的弱点。

在组合方式上，有研究人员提出了 7 种组合思路：

（1）加权（Weight）：加权多种推荐技术结果。

（2）变换（Switch）：根据问题背景和实际情况或要求决定变换采用不同的推荐技术。

（3）混合（Mixed）：同时采用多种推荐技术给出多种推荐结果为用户提供参考。

（4）特征组合（Feature Combination）：组合来自不同推荐数据源的特征被另一种推荐算法所采用。

（5）层叠（Cascade）：先用一种推荐技术产生一种粗糙的推荐结果，第二种推荐技术在此推荐结果的基础上进一步做出更精确的推荐。

（6）特征扩充（Feature Augmentation）：一种技术产生附加的特征信息嵌入到另一种推荐技术的特征输入中。

（7）元级别（Meta-Level）：用一种推荐方法产生的模型作为另一种推荐方法的输入。

6.4.2　主要推荐方法对比

各种推荐方法都有其各自的优点和缺点，说明如表 6-4 所示。

表 6-4　主要推荐方法的优缺点

推荐方法	优点	缺点
基于内容推荐	● 推荐结果直观，容易解释 ● 不需要领域知识	● 稀疏问题；新用户问题 ● 复杂属性不好处理 ● 要有足够数据构造分类器
协同过滤推荐	● 新异兴趣发现、不需要领域知识 ● 随着时间推移性能提高 ● 推荐个性化、自动化程度高 ● 能处理复杂的非结构化对象	● 稀疏问题 ● 可扩展性问题 ● 新用户问题 ● 质量取决于历史数据集 ● 系统开始时推荐质量差
基于规则推荐	● 能发现新兴趣点 ● 不要领域知识	● 规则抽取难、耗时 ● 产品名同义性问题 ● 个性化程度低
基于效用推荐	● 无冷开始和稀疏问题 ● 对用户偏好变化敏感 ● 能考虑非产品特性	● 用户必须输入效用函数 ● 推荐是静态的，灵活性差 ● 属性重叠问题
基于知识推荐	● 能把用户需求映射到产品上 ● 能考虑非产品属性	● 知识难获得 ● 推荐是静态的

6.5 Apriori 算法介绍

6.5.1　Apriori 算法

Apriori 算法是常用的用于挖掘出数据关联规则的算法，它用来找出数据值中频繁出现的数据集合，找出这些集合的模式有助于我们做一些决策。比如在常见的超市购物数据集，或者电商的网购数据集中，如果我们找到了频繁出现的数据集，那么对于超市，我们可以优化产品的位置摆放，对于电商，我们可以优化商品所在的仓库位置，达到节约成本、增加经济效益的目的。下面我们就对 Apriori 算法做一个阐述。

6.5.2　频繁项集的评估标准

什么样的数据才是频繁项集呢？也许你会说，这还不简单，肉眼一扫，一起出现次数多的数据集就是频繁项集。的确，这也没有说错，但有两个问题。第一个问题是当数据量非常大的时候，我们没法直接肉眼发现频繁项集，这催生了关联规则挖掘的算法，比如 Apriori、PrefixSpan、CBA。第二个问题是我们缺乏一个频繁项集的标准，比如 10 条记录，里面 A 和 B 同时出现了 3 次，那么我们能不能说 A 和 B 一起构成频繁项集呢？因此我们需要一个评估频繁项集的标准。

常用的频繁项集的评估标准有支持度、置信度和提升度 3 个。

1. 支持度

支持度就是几个关联的数据在数据集中出现的次数占总数据集的比重,或者说几个数据关联出现的概率。若我们有两个想分析关联性的数据 X 和 Y,则对应的支持度为:

$$Support(X, Y) = P(XY) = \frac{number(XY)}{num(AllSamples)}$$

以此类推,若我们有 3 个想分析关联性的数据 X、Y 和 Z,则对应的支持度为:

$$Support(X, Y, Z) = P(XYZ) = \frac{number(XYZ)}{num(AllSamples)}$$

一般来说,支持度高的数据不一定构成频繁项集,但是支持度太低的数据肯定不构成频繁项集。

2. 置信度

置信度体现了一个数据出现后,另一个数据出现的概率,或者说数据的条件概率。如果我们有两个想分析关联性的数据 X 和 Y,那 X 对 Y 的置信度为:

$$Confidence(X \Leftarrow Y) = P(X \mid Y) = P(XY) / P(Y)$$

也可以此类推到多个数据的关联置信度,比如对于 3 个数据 X、Y、Z,则 X 对于 Y 和 Z 的置信度为:

$$Confidence(X \Leftarrow YZ) = P(X \mid YZ) = P(XYZ) / P(YZ)$$

举个例子,在购物数据中,纸巾对应鸡爪的置信度为 40%,支持度为 1%,则意味着在购物数据中,总共有 1% 的用户既买鸡爪又买纸巾,同时买鸡爪的用户中有 40% 的用户购买纸巾。

3. 提升度

提升度表示含有 Y 的条件下,同时含有 X 的概率,与 X 总体发生的概率之比,即:

$$Lift(X \Leftarrow Y) = P(X \mid Y) / P(X) = Confidence(X \Leftarrow Y) / P(X)$$

提升度体现了 X 和 Y 之间的关联关系,若提升度大于 1,则 $X \Leftarrow Y$ 是有效的强关联规则;若提升度小于等于 1,则 $X \Leftarrow Y$ 是无效的强关联规则。一个特殊的情况是,若 X 和 Y 独立,则有 $Lift$($X \Leftarrow Y$)$= 1$,因为此时 P($X|Y$)$= P$(X)。

6.5.3 Apriori 算法思想

对于 Apriori 算法,我们使用支持度来作为我们判断频繁项集的标准。Apriori 算法的目标是找到最大的 K 项频繁集。这里有两层意思:第一层是我们要找到符合支持度标准的频繁集,但是这样的频繁集可能有很多。第二层意思就是我们要找到最大个数的频繁集。比如要找到符合支持度的频繁集 AB 和 ABE,这时会抛弃 AB,只保留 ABE,因为 AB 是 2 项频繁集,而

ABE 是 3 项频繁集。那么，Apriori 算法是如何做到挖掘 K 项频繁集的呢？

Apriori 算法采用了迭代的方法，先搜索出候选 1 项集及对应的支持度，剪枝去掉低于支持度的 1 项集,得到频繁 1 项集。然后对剩下的频繁 1 项集进行连接,得到候选的频繁 2 项集,筛选去掉低于支持度的候选频繁 2 项集,得到真正的频繁 2 项集,以此类推,迭代下去,直到无法找到频繁 $k+1$ 项集为止,对应的频繁 k 项集的集合即为算法的输出结果。

可见这个算法还是很简洁的，第 i 次的迭代过程包括扫描计算候选频繁 i 项集的支持度，剪枝得到真正频繁 i 项集和连接生成候选频繁 $i+1$ 项集这三步。

以图 6-7 为例。数据集 D 有 4 条记录，分别是 134，235，1235 和 25。现在用 Apriori 算法来寻找频繁 k 项集，最小支持度设置为 50%。首先我们生成候选频繁 1 项集，包括所有的 5 个数据（在本例中对应 5 个数字）并计算 5 个数据的支持度，计算完毕后进行剪枝，数字 4 由于支持度只有 25% 被剪掉。我们最终的频繁 1 项集为 1235，现在生成候选频繁 2 项集，包括 12，13，15，23，25，35 共 6 组。此时我们的第一轮迭代结束。进入第二轮迭代，开始扫描数据集以计算候选频繁 2 项集的支持度，接着进行剪枝，由于 12 和 15 的支持度只有 25% 而被筛除，得到真正的频繁 2 项集，包括 13，23，25，35。

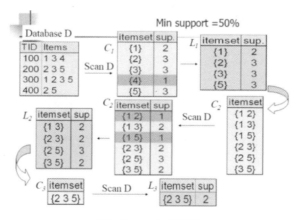

图 6-7 Apriori 例子

现在我们生成候选频繁 3 项集，123，125，135 和 235 共 4 组，这部分图中没有画出。通过计算候选频繁 3 项集的支持度，此时发现 123，125 和 135 的支持度均为 25%，因此接着被剪枝，最终得到的真正频繁 3 项集为 235 这一组。由于此时无法再生成候选频繁 4 项集，因此最终的结果即为频繁 3 项集 235。

6.5.4 Apriori 算法流程

输入：数据集合 D，支持度阈值 α。

输出：最大的频繁 k 项集。

（1）扫描整个数据集，得到所有出现过的数据，作为候选频繁 1 项集。$k=1$，频繁 0 项集为空集。

（2）挖掘频繁 k 项集。

- 扫描数据计算候选频繁 k 项集的支持度。
- 去除候选频繁 k 项集中支持度低于阈值的数据集，得到频繁 k 项集。若得到的频繁 k 项集为空，则直接返回频繁 k-1 项集的集合作为算法结果，算法结束。若得到的频繁 k 项集只有一项，则直接返回频繁 k 项集的集合作为算法结果，算法结束。
- 基于频繁 k 项集，连接生成候选频繁 $k+1$ 项集。

（3）令 $k=k+1$，转入（2）步。

从算法的步骤可以看出，Apriori 算法每轮迭代都要扫描数据集，因此在数据集很大，数据种类很多的时候，算法效率很低。

6.5.5 Apriori 算法小结

Apriori 算法是一个非常经典的频繁项集的挖掘算法，很多算法都是基于 Apriori 算法而产生的，包括 FP-Tree、GSP、CBA 等。这些算法利用了 Apriori 算法的思想，但是对算法做了改进，数据挖掘的效率更好一些，因此现在一般很少直接用 Apriori 算法来挖掘数据了，但是理解 Apriori 算法是理解其他 Apriori 类算法的前提，同时算法本身也不复杂，因此值得好好研究一番。

第 7 章
◀ 大数据可视化 ▶

本章学习目标

- 了解大数据可视化的基本概念。
- 了解大数据可视化的展现形式。
- 了解大数据可视化常用的工具。
- 掌握 Tableau 可视化工具的技术。
- 掌握 Power BI 可视化工具的技术。
- 掌握 Superset 可视化工具的技术。

本章先向读者介绍大数据可视化概述，包括大数据可视化的基本概念及展现形式，再介绍常见的大数据可视化工具，最后简要介绍了 Tableau、Power BI、Superset 等大数据可视化工具。

7.1 大数据可视化概述

7.1.1 数据可视化概述

数据可视化，是关于数据视觉表现形式的科学技术研究。其中，这种数据的视觉表现形式被定义为一种以某种概要形式抽提出来的信息，包括相应信息单位的各种属性和变量。

它是一个处于不断演变之中的概念，其边界在不断地扩大。主要指的是技术上较为高级的技术方法，而这些技术方法允许利用图形、图像处理、计算机视觉以及用户界面，通过表达、建模以及对立体、表面、属性以及动画的显示，对数据加以可视化解释。与立体建模之类的特殊技术方法相比，数据可视化所涵盖的技术方法要广泛得多。

数据可视化已经提出了许多方法，这些方法根据其可视化的原理不同，可以划分为基于几何的技术、面向像素技术、基于图标的技术、基于层次的技术、基于图像的技术和分布式技术，等等。

数据可视化包含以下几个基本概念：

（1）数据空间：由 n 维属性和 m 个元素组成的数据集所构成的多维信息空间。

（2）数据开发：指利用一定的算法和工具对数据进行定量的推演和计算。

（3）数据分析：指对多维数据进行切片、块、旋转等动作剖析数据，从而能多角度多侧面观察数据。

（4）数据可视化：指将数据以图形图像形式表示，并利用数据分析和开发工具发现其中未知信息的处理过程。

数据可视化的主要应用分为两类，报表类和 BI 分析工具类。报表类包括 JReport、Excel、水晶报表、FineReport、ActiveReports 报表等。BI 分析工具类包括 Style Intelligence、BO、BIEE、象形科技的 ETHINK、永洪科技的 Yonghong Z-Suite 等。国内的数据可视化厂商包括 BDP 商业数据平台、大数据魔镜、数据观、帆软、永洪、思迈特等。

7.1.2 数据可视化流程

下面对数据可视化的流程进行介绍。

1. 明确主题

数据的形式具有多样化的特征，同一份数据可以可视化成多种看起来截然不同的形式。在观测、跟踪数据进行分析时，强调实时性、变化性。在强调数据呈现度的数据进行分析时，进行交互、检索的设计等。不同的目的决定了不同的图形表现形式。常用的一些 BI 产品（如 Tableau、Power BI、Fine BI、SmartBI 等）作为专业的图表可视化软件，可根据不同的数据分析需求，满足不同企业和个人的分析需求。

进行可视化分析前要明确分析的主题和目的，需要通过数据分析展示什么样的成果，数据需求直接源于最后的分析结果。

2. 获取数据

获取数据的过程需要掌握以下几点：

- 数据要丰富、充盈，以便尽可能地展示分析结果。
- BI 产品能极大地满足个人、企业的需求。
- 保证数据的可靠性，可靠的数据决定了可视化的准确性和结果。
- 准确地找到所需要的数据。

3. 数据分析和清洗

在日常生活中，我们面对的数据常常是庞大、繁杂、无规律可循的。在进行数据可视化之前需要对数据进行清洗，将不需要的数据剔除。根据可视化的目的，将清洗完成的数据源利用大数据分析工具（如 Tableau、FineBI、Power BI 等）进行下一步分数据分析，得出分析结论，为可视化打好基础。

4. 选择分析工具

选择数据分析工具时需要满足以下几个方面要求：

（1）多种可视化分析效果，最完备的集合数据分析，挖掘洞察，数据研究的可视化分析平台。

（2）超快的分析速度和卓越的分析性能，告别烦琐培训周期。

（3）丰富灵活的前端展示，完备的数据生态系统秒级渲染。

（4）可视化效果库，满足企业、政府精准数据分析需求，协助制定完美解决方案，成就更佳商业智能。

5. 解释与表述

解释和表述分为图表解释和文字说明两种。图表解释是指通过一定的形状、颜色和几何图形的结合，将数据呈现出来。为了让读者能读清楚，图表设计者就要把这些图形解码回数据值，读者提供线索或图例解释图表。而在借助于图形化的手段清晰且快捷有效地传达与沟通信息的同时，文字的增色作用也不容忽视。

6. 修饰与细节

数据可视化的效果应具有层次感，大轮廓概述整体效果，在细节处对数据加以详细地呈现，让数据得到充分的体现。数据可视化切记华而不实，力求简洁直观地展示数据成果。

7.1.3　数据可视化展现形式

数据可视化的展现形式是多种多样的，主要包括趋势型、对比型、比例型、分布型、关系型和地图型等。下面对每种数据展现形式的图表进行介绍。

1. 趋势型数据可视化

趋势型数据可视化包括点线图、散点图、折线图、柱状图、阶梯图。

（1）点线图、散点图、折线图

点线图是最常见的一种数据描述图形。它的衍生图形有散点图和折线图。其中，散点图是只用点来表现数据；而折线图是用线段连接各个点，但不显示出点，点的位置是两个线段的连接处。点线图样式如图 7-1 所示。

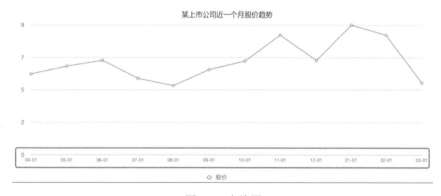

图 7-1　点线图

（2）柱状图

柱状图（Bar Chart）是一种以长方形的长度为变量的表达图形的统计报告图，由一系列高度不等的纵向条纹表示数据分布的情况，用来比较两个或以上的价值（不同时间或者不同条件），只有一个变量,通常用于较小的数据集分析。柱状图亦可横向排列,或用多维方式表达。柱状图样式如图 7-2 所示。

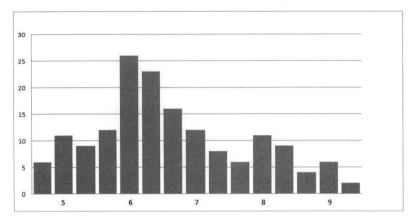

图 7-2　柱状图

（3）阶梯图

阶梯图顾名思义,是一种无规律、间歇型阶跃的方式表达数值的变化。比如银行的利率、电价、水价等。阶梯图样式如图 7-3 所示。

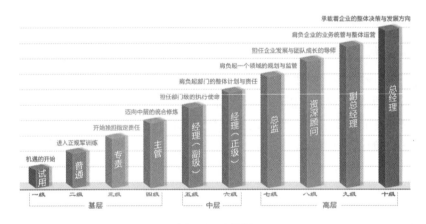

图 7-3　阶梯图

2. 对比型数据可视化

对比型数据可视化包括柱状图、面积图、气泡图、词云图、雷达图、脸谱图、热力图。

（1）柱状图

前面介绍的是单个类别的数据,可以用柱状图来观察趋势,而多个类别的数据就不适合用柱状图来观察趋势了,但是可以用柱状图来进行数据对比,可采用并列对比型柱状图和重叠对比型柱状图。柱状图样式如图 7-4 所示。

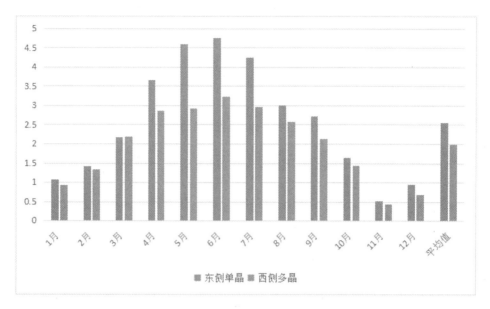

图 7-4 柱状图

（2）面积图

面积图也称为区域图,其实就是点线图加上点线图投影到 X 轴的线段中间所围成的面积。是点线图的一种延伸。面积图能够显示一组数据的范围,是一个二维图形,主要用于观察多组数据的对比情况。面积图样式如图 7-5 所示。

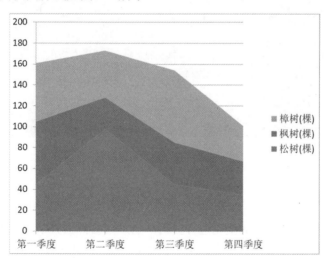

图 7-5 面积图

（3）气泡图

气泡图与散点图相似,可以看作散点图的升级版。不同之处在于,气泡图允许在图表中额外加入一个表示大小的变量,而第四维度的数据则可以通过不同的颜色来表示（甚至在渐变中使用阴影来表示）。散点图是通过散点的位置来表示二维数据。如果再加上一个维度,把大小一致的散点变成大小不一致的气泡,那么就变成了气泡图。气泡的大小通常表示数量的多少。

气泡图至少可以表示三个维度。气泡图样式如图 7-6 所示。

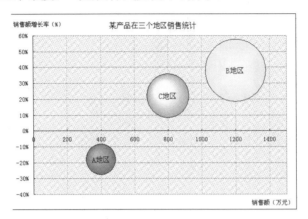

图 7-6 气泡图

（4）词云图

词云图，也叫文字云，是对文本中出现频率较高的"关键词"予以视觉化的展现。词云图过滤掉大量的低频低质的文本信息，使得浏览者只要一眼扫过文本就可领略文本的主旨。词云图样式如图 7-7 所示。

图 7-7 词云图

（5）雷达图

雷达图，又可称为戴布拉图、蜘蛛网图、网状图或星状图。雷达图用于同时对多个数据的对比分析和同一数据在不同时期的变化进行分析。它从中心点向外引出若干直径相等的辐条，每个辐条分别代表一个独立类别的变量，每一个辐条上有一个数据点，从中心到该数据点的长度由该类型变量占总体的百分比决定，将这些数据点连接起来，构成一个雷达图。雷达图的优点是直观、形象、易于操作。它可以直观地看出一个项目各个分项的状况，因而可以直接用雷达图来了解各项数据指标的变化情形及其好坏趋向。雷达图样式如图 7-8 所示。

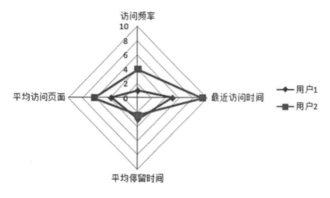

图 7-8　雷达图

（6）脸谱图

脸谱图分析法的基本思想是由 15~18 个指标决定脸部特征，若实际资料变量更多将被忽略，若实际资料变量较少，则脸部有些特征将被自动固定。统计学曾给出了几种不同的脸谱图的画法，而对于同一种脸谱图的画法，将变量次序重新排列，得到的脸谱的形状也会有很大不同。脸谱图样式如图 7-9 所示。

图 7-9　脸谱图

（7）热力图

热力图是以特殊高亮的形式显示访客热衷的页面区域和访客所在的地理区域的图示。热力图可以显示不可点击区域发生的事情。城市热力图该检测方式只提供参考。热力图样式如图 7-10 所示。

图 7-10　热力图

3. 比例型数据可视化

比例型数据可视化包括饼图、环形图、百分比堆积柱状图、百分比堆积面积图。

（1）饼图

饼图主要针对具有完整性的数据。具有整体性与能清楚地反映出部分与部分、整体与部分之间的数量关系是饼图的两个特征。饼图的优势在于能直观地反映区域、百分比、面积等具有形象思维的数据，它还可以制作成扇形图、立体饼图、平面饼图、单层环形饼和多层环形饼图等。饼图样式如图 7-11 所示。

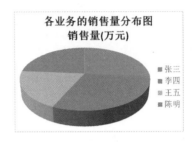

图 7-11　饼图

（2）环形图

环形图，又称面包圈图，其实是另一种形式的饼图，只不过我们平时用饼图多一些，但在某些情境下，适当多样化报告里的表现形式，可以提高一点点阅读兴趣。环形图样式如图 7-12 所示。

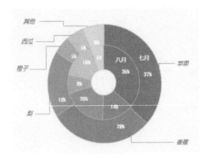

图 7-12　环形图

（3）百分比堆积柱状图

百分比堆积柱状图用于某一系列数据之间，其内部各组成部分的分布对比情况。各数据系列内部，按照构成百分比进行汇总，即各数据系列的总额均为 100%。数据条反应的是各系列中，各类型的占比情况。百分比堆积柱状图样式如图 7-13 所示。

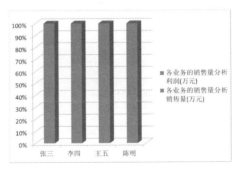

图 7-13　百分比堆积柱状图

（4）百分比堆积面积图

百分比堆积面积图显示每个数值所占百分比随时间或类别变化的趋势线,可用来强调每个系列的比例趋势线。百分比堆积面积图样式如图 7-14 所示。

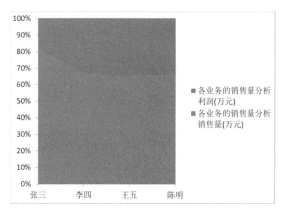

图 7-14 百分比堆积面积图

4. 分布型数据可视化

分布型数据可视化包括直方图、茎叶图、箱线图、概率密度图。

（1）直方图

直方图又称质量分布图,是一种统计报告图,由一系列高度不等的纵向条纹或线段表示数据分布的情况。一般用横轴表示数据类型,纵轴表示分布情况。直方图样式如图 7-15 所示。

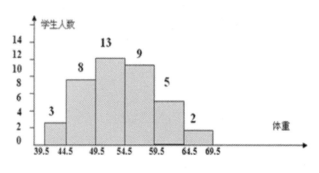

图 7-15 直方图

（2）茎叶图

茎叶图（Stem-and-Leaf Display）又称"枝叶图"。茎叶图的思路是将数组中的数按位数进行比较,将数的大小基本不变或变化不大的位作为一个主干（茎）,将变化大的位的数作为分枝（叶）,列在主干的后面,这样就可以清楚地看到每个主干后面的几个数,每个数具体是多少。茎叶图样式如图 7-16 所示。

树叶	树茎	树叶
7	9	6 5
0 2 2 3 4 4	9	4 3 3
5 5 8	8	9 8 8 7 5
0 0 1 2 3 3 4	8	4 4 4 2 1 1
5 5 6 7 7 8 8 9 9	7	9 7 6 6 5
2 3	7	4 1 1 0
1 2 3 4 4	6	3 3 0
5 6	6	6 5 5
	5	
	5	
	4	
	4	
3	5	

左右两侧分别是某校98.(1),(2)班概率统计茎叶图成绩表

图7-16　茎叶图

（3）箱线图

箱线图（Box-plot），又称为盒须图、盒式图或箱形图，是一种用作显示一组数据分散情况资料的统计图。因形状如箱子而得名。它主要用于反映原始数据分布的特征，还可以进行多组数据分布特征的比较。箱线图样式如图7-17所示。

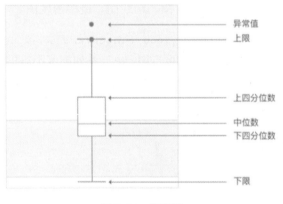

图7-17　箱线图

（4）概率密度图

前面介绍的直方图、茎叶图和箱线图都是离散型数据的分布图，而概率密度图则是连续型变量的数据分布图。连续概率分布是一个随机变量在其区间内当取任何数值时所具有的分布。概率密度图是用概率密度函数画的，横轴是连续型随机变量 X，纵轴是概率密度函数 f（x）。概率密度图样式如图7-18所示。

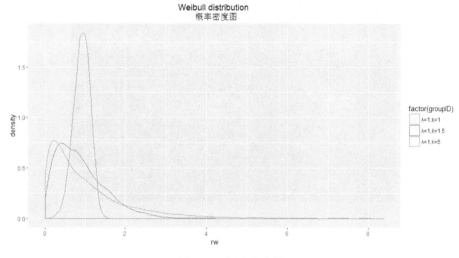

图 7-18　概率密度图

5. 关系型数据可视化

关系型数据可视化包括韦恩图、矩形树图、漏斗图、桑基图、节点关系图。

（1）韦恩图

韦恩图（Venn Diagram），据说早在 1880 年由英国哲学家和数学家 John Venn 提出。在高通量测序数据分析当中，常用于展示不同样本间共有的或特有的基因。需要注意的是，韦恩图中不同区域表示的含义，以 3 组数据的两两比较为例，由内向外依次为三样本"共有"、两样本"共独有"（注意不包含三样本"共有"部分）和单样本"独有"。韦恩图样式如图 7-19所示。

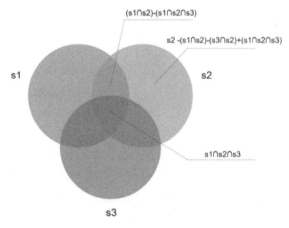

图 7-19　韦恩图

（2）矩形树图

矩形树图（Treemap），又称层级板块图。矩形树图把树状结构转化为平面矩形的状态，虽然长得一点都不像"树"，但它能表示数据间的层级关系，还可以展示数据的权重关系。矩形树图样式如图 7-20 所示。

图 7-20 矩形树图

（3）漏斗图

漏斗图又叫倒三角图,漏斗图将数据呈现为几个阶段,每个阶段的数据都是整体的一部分,从一个阶段到另一个阶段数据自上而下逐渐下降,所有阶段的占比总计 100％。与饼图一样,漏斗图呈现的也不是具体的数据,而是该数据相对于总数的占比、漏斗图不需要使用任何数据轴。漏斗图样式如图 7-21 所示。

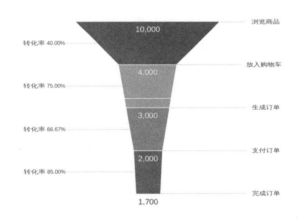

图 7-21 漏斗图

（4）桑基图

桑基图（Sankey Diagram）,即桑基能量分流图,也叫桑基能量平衡图。它是一种特定类型的流程图,图中延伸的分支的宽度对应数据流量的大小,通常应用于能源、材料成分、金融等数据的可视化分析。因 1898 年 Matthew Henry Phineas Riall Sankey 绘制的"蒸汽机的能源效率图"而闻名,此后便以其名字命名为"桑基图"。桑基图样式如图 7-22 所示。

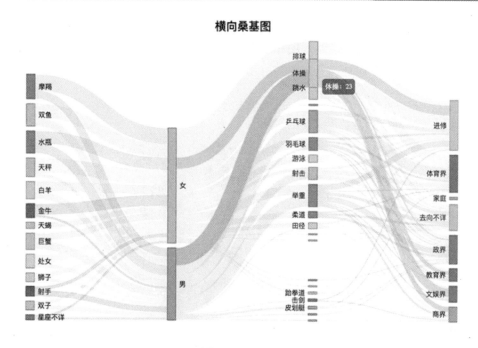

图 7-22　桑基图

（5）节点关系图

节点关系图，又称为关系图，常用于表示两个事务对象之间的关系。节点关系图中，对象可以用节点表示，节点的形状常使用圆形，也可以使用其他形状；对象之间若有联系，则用线段连接起来，线段上可以有文字标识。若是动态图表，则点击线段会显示两个对象之间的关系。若节点之间有方向性，则可以在线段的末端加上箭头表示方向，其中包括单向关联和双向关联两种类型。节点关系图样式如图 7-23 所示。

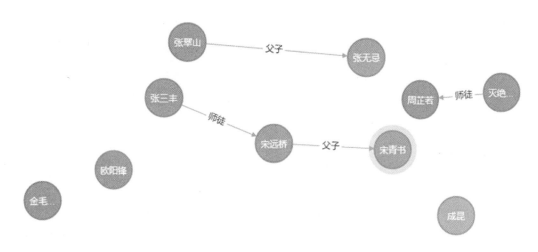

图 7-23　节点关系图

6. 地图型数据可视化

地图型数据可视化包括二维地图、三维地图。

（1）二维地图

二维地图包括区域地图、道路地图和室内地图。道路地图如图 7-24 所示，室内地图如图 7-25 所示。

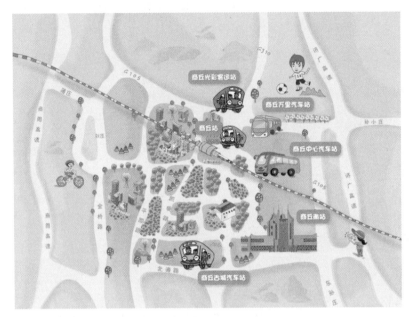

图 7-24　道路地图

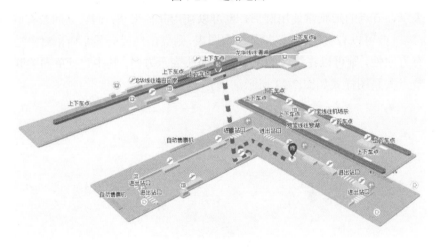

图 7-25　室内地图

（2）三维电子地图

三维电子地图，或 3D 电子地图，就是以三维电子地图数据库为基础，按照一定比例对现实世界或其中一部分的一个或多个方面的三维、抽象的描述。网络三维电子地图不仅通过直观的地理实景模拟表现方式，为用户提供地图查询、出行导航等地图检索功能，同时集成生活资讯、电子政务、电子商务、虚拟社区、出行导航等一系列服务。网络三维电子地图在给人们带来方便的同时，也给国家安全、社会稳定和人们隐私等带来威胁。三维电子地图样式如图 7-26 所示。

图 7-26

7.2 大数据可视化工具概述

大数据可视化工具可以简单归纳成以下几类:

(1)基础技术框架类:Echart、D3.js、Envision.js、Raphael.js、Polymaps 等。

(2)独立小工具类:Excel、Flot、Infogram、Google Charts、百度图说、NodeBox、Processing、R 等。

(3)平台套件:Tableau 公司的同名产品 Tableau 产品、Ventuz 公司的同名产品 Ventuz、恒泰实达的数智云图 VBI、国云数据的魔镜、阿里的 DataV、帆软的 FineBI、微软的 Power BI 等。

(4)业务解决方案:数字冰雹、上海科睿、优比交互、北京双旗、光启元等。

以上工具或产品偏重"数据可视化",而"大数据"中"大"的特性只在这些产品中涉及比较浅的部分,甚至根本没有。

表 7-1 中是部分大数据可视化工具的 demo 地址,可供参考。

表 7-1 大数据可视化工具及 demo 地址

工具	演示地址	用户名/密码
FineBI	http://demo.finebi.com	demo/demo
FineReport	http://www.finereporthelp.com:8889/demo/ReportServer	demo/123456
永洪 BI	http://demo.yonghongtech.com/bi/v7	admin/g5
奥威 Power-BI	http://demo.powerbi.com.cn:81/powerbiwebdemo/	powerbi/123456
SmartBI	http://demo.smartbi.com.cn/	demo/demo
百度 Echarts	http://echarts.baidu.com/examples.html	
润乾报表	http://report5.raqsoft.com.cn/	
QlikView	https://demos.qlik.com/qlikview	
Tableau	https://www.tableau.com/zh-cn#hero-video	
百咨 BI	http://139.196.203.105:8080/pentaho/Login	bis/bis@123

7.3 Tableau 大数据可视化技术简介

Tableau 公司将数据运算与美观的图表完美地嫁接在一起。它的程序很容易上手，各公司可以用它将大量数据拖放到数字"画布"上，转眼间就能创建好各种图表。这一软件的理念是，界面上的数据越容易操控，公司对自己在所在业务领域里的所作所为到底是正确还是错误，就能了解得越透彻。

Tableau 提供的主要服务内容如图 7-27 所示。

Tableau Desktop

Tableau Desktop 被誉为可视化分析领域的"黄金标准"，它彻底改变了商业智能行业，开创了自助获取见解的新模式。

了解更多信息 →

Tableau Prep

Tableau Prep 帮助更多人快速自信地进行数据合并、组织和清理，从而更快地进行分析。

了解更多信息 →

Tableau Online

希望获得 Server 的共享和协作功能，但又不想真正管理服务器？如果是这样，您需要 Tableau Online。安全。可扩展。看到了么－无需维护任何硬件！

了解更多信息 →

Tableau Server

共享自己的数据和仪表板，大幅提升自己的影响力。无论是将 Server 部署到本地还是公有云，您都能够自主管理您的服务器。

了解更多信息 →

图 7-27　Tableau 主要服务内容

交互式可视化分析可以帮助解决棘手的业务问题，并迅速获得推动业务向前发展的见解。Tableau 凭借 VizQL 专利技术，提供了强大的分析功能，使用户能提出更具深度的问题并得出更有意义的答案。一旦数据处理变得轻松、有趣且富有影响力就会带来斐然的成效，无论是要生成工作簿和仪表板，针对其他人发布的分析提出自己的问题，还是负责让数据在工作中发挥更大的作用，Tableau 都能帮助用户轻松获取数据的价值。针对每个人独特的具体数据需求，Tableau 在设计上十分灵活，可以做到完全适合企业架构和数据生态系统，连接到存储在本地或云端的数据，进行实时查询或使用数据提取。如果数据对业务至关重要，就必须确保分析平台安全、可靠、受管控且可扩展，从合规性、安全性到管理和监视，Tableau 提供了一套强大的内置功能为业务需求提供支持，并且做到与现有的系统相集成。

Tableau 的优势特点包括以下几个方面：

（1）和团队与工作组共享分析视角。

（2）使用 Tableau Desktop 工作簿进行查看与交流。

（3）将数据可视化、数据分析与数据整合的优点延伸到团队与工作组且完全免费。

（4）Tableau Reader 是免费的计算机应用程序，可以帮助查看内置于其中的分析视角和可视化内容。

（5）Desktop 用户创建交互式数据可视化内容并发布为工作簿打包文件，团队成员利用 Reader 可以用过滤、排序以及调查得到的数据结果进行交流。

7.4　Power BI 大数据可视化技术简介

Power BI 是基于云的商业数据分析和共享工具，它能帮助把复杂的数据转化成最简洁的视图。通过它可以快速创建丰富的可视化交互式报告，即使在外也能用手机端 APP 随时查看，甚至检测公司各项业务的运行状况。图 7-28 所示的是 Power BI 的三大组成部分。

Power BI 三大组成部分

Power BI 桌面应用

功能强大，满足工作所有需求

Power BI 在线应用

在线分享，数据实时同步更新

Power BI 移动应用

移动办公，随时随地监测跟进

图 7-28　Power BI 三大组成部分

Power BI 具有以下的价值特性：

（1）连接到任意数据：随意浏览数据（无论数据位于云中还是本地），包括 Hadoop 和 Spark 之类的大数据源。Power BI Desktop 连接了成百上千的数据源并不断增长，可让用户针对各种情况获得深入的见解。

（2）准备数据并建模：准备数据会占用大量时间。若使用 Power BI Desktop 数据建模，则不会这样。使用 Power BI Desktop，只需单击几下即可清理、转换以及合并来自多个数据源的数据，从而在一天中节约数小时的工作时间。

（3）借助 Excel 的熟悉度提供高级分析：企业用户可以利用 Power BI 的快速度量值、分组、预测以及聚类等功能挖掘数据，找出他们可能错过的模式。高级用户可以使用功能强大的 DAX 公式语言完全控制其模型。如果熟悉 Excel，那么使用 Power BI 便没什么难度。

（4）创建企业的交互式报表：利用交互式数据可视化效果创建报表。使用 Microsoft 与合作伙伴提供的拖放画布以及超过 85 个新式数据视觉对象（或者使用 Power BI 开放源代码自定义视觉对象框架创建自己的视觉对象）讲述数据故事。使用主题设置、格式设置和布局工具设计报表。

（5）随时随地创作：向需要的用户提供可视化分析。创建移动优化报表，供查看者随时随地查看。从 Power BI Desktop 发布到云或本地。把在 Power BI Desktop 中创建的报表嵌入现有应用或网站。

7.5 实验八：ECharts 的安装与使用

7.5.1 本实验目标

- 了解 HTML 基本的原理，懂得 HTML 嵌套 JavaScript 的用法。
- 动手实际编写 ECharts 绘制各种图形的代码。
- 动手操作 ECharts 绘制地图的例子，培养调试代码的能力。
- 学会解决中文乱码的方法，养成解决问题的能力。
- 适用于大数据可视化开发工程师、BI 工程师、大数据开发工程师。

7.5.2 本实验知识点

- HTML 基础知识。
- 了解 JavaScript 基本知识。
- 懂得进行代码的调试。
- HTML 嵌套 JavaScript 的用法。
- JavaScript 函数的用法。

7.5.3 项目实施过程

步骤 01 新建 HTML。

（1）新建一个 txt 文档。

（2）修改 txt 文档的内容，在这个 txt 的文档中写入基本的代码格式，代码如下：

```
<html>     <head>      <title>            </title>
    </head>     <body>      </body></html>）
```

备注：在<body>与</body>之间可以加入一些文本内容，作为网页的内容。

（3）把这个新建文档的后缀名从 txt 修改为 html。

（4）点击修改后缀名后的新文件，需要选择打开方式，最好直接选择 Google Chrome，因为常用这个浏览器可以在网页右上方的"自定义及控制 Google Chrome"工具中，打开开发者模式，直接对新建的 HTML 文件做修改；不过直接用 Windows 10 自带的浏览器也可以打开这个 HTML 文件，看到新建的网页效果，显示出刚刚添加的文本内容。

步骤 02　应用 ECharts。

（1）在官网上下载 ECharts 的源代码，下载后保存到一个文件夹中。

（2）将新建的 HTML 文件移动到这个含有 ECharts 源代码的文件夹中。

（3）修改 HTML 文件的内容，代码如下：

```
<!DOCTYPE html>
<html>
<head>
<meta charset="utf-8">
<!--include ECharts document-->
<script src="echarts.js"></script>
<title>
      ECharts Hello World
</title>
</head>
<body>
<!--prepare a DOM with size for ECharts-->
<div id="main" style="width: 600px;height: 400px;"></div>
<script type="text/Javascript">
      //基于准备好的 dom，初始化 ECharts 实例

var myChart=echarts.init(document.getElementById('main'));
      //指定图表的配置项和数据
      var option={
          title:{
              text:'Echarts Bar Graph'
          },
          tooltip:{},
          legend:{
             data:['Sold Amount']
           },
           xAxis:{
              data:["shirt","skirt","coat","pants","shoes"]
           },
           yAxis:{},
           series:[{
              name:'Sold Number',
              type:'bar',
              data:[5,20,36,10,10]
           }]
```

```
        };
        //使用刚指定的配置项和数据显示图表

myChart.setOption(option);
</script>
</body>
</html>
```

步骤 03   页面展现柱状图。

（1）很有可能文件最后的编码显示是不支持中文的，暂时使用英文来替换达到目的。

（2）请注意使用英文的符号。

（3）可以用 Google Chrome 菜单上的"…"→"更多工具"→"开发者工具"调试。

（4）修改内容后，保存文件。

（5）单击文件，以 IE 浏览器打开后，可以看到如图 7-29 所示网页内容。

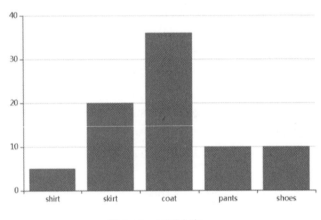

图 7-29　网页内容

步骤 04   绘制 ECharts 的折线图。

（1）折线图的代码如下，编写好后，保存成 HTML 格式：

```
<!DOCTYPE html>
<html>
<head>
<meta charset="utf-8">
<!--include ECharts document-->
<script src="echarts.js"></script>
<title>
      ECharts Hello World
```

```html
</title>
</head>
<body>
<!--prepare a DOM with size for ECharts-->
<div id="main" style="width: 600px;height: 400px;"></div>
<script type="text/Javascript">
        //基于准备好的dom，初始化ECharts实例

var myChart=echarts.init(document.getElementById('main'));
        //指定图表的配置项和数据
        var option={
            title:{
                text:'Echarts Bar Graph'
            },
            tooltip:{},
            legend:{
                data:['Sold Amount']
             },
             xAxis:{
                 data:["shirt","skirt","coat","pants","shoes"]
             },
             yAxis:{},
             series:[{
                 name:'Sold Number',

                 type:'line',
                 data:[5,20,36,10,10]
             }]
        };
        //使用刚指定的配置项和数据显示图表

myChart.setOption(option);
</script>
</body>
</html>
```

（2）直接打开 HTML 文件，结果如图 7-30 所示。

ECharts Line Chart

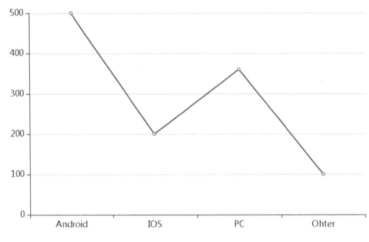

图 7-30　绘制 ECharts 的折线图

步骤 05　绘制 ECharts 的饼图。

（1）饼图的代码如下，编写好后，保存成 HTML 格式：

```
<!DOCTYPE html>
<html>
<head>
<meta charset="utf-8">
<!--include ECharts document-->
<script src="echarts.js"></script>
<title>
      ECharts Hello World
</title>
</head>
<body>
<!--prepare a DOM with size for ECharts-->
<div id="main" style="width: 600px;height: 400px;"></div>
<script type="text/Javascript">
      //基于准备好的dom，初始化ECharts实例
var myChart = echarts.init(document.getElementById('chartmain'));
      //指定图表的配置项和数据
    var option = {
        title:{
            text:'ECharts Pie '
        },
        series:[{
            name:'访问量',
```

```
            type:'pie',
            radius:'60%',
            data:[
                {value:500,name:'Android'},
                {value:200,name:'IOS'},
                {value:360,name:'PC'},
                {value:100,name:'Ohter'}
            ]
        }]
    };
     //使用刚指定的配置项和数据显示图表

myChart.setOption(option);
</script>
</body>
</html>
```

（2）用浏览器直接打开 HTML 文件，结果如图 7-31 所示。

ECharts Pie

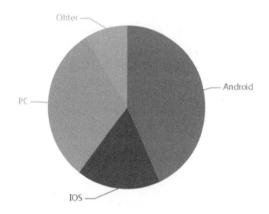

图 7-31　绘制 ECharts 的饼图

步骤 06　使用 ECharts 实现地图和散点图。

（1）初始准备

① 新建 HTML。首先，新建项目目录 echartsMapDemo，在其中新建一个 HTML 文件 index.html。echartsMapDemo/index.html 的代码如下：

```
<!DOCTYPE html>
<html lang="en">
<head>
    <meta charset="UTF-8">
```

```
    <title>ECharts map Demo</title>
</head>
<body>
</body>
</html>
```

② 引入 ECharts 文件。从 ECharts 官网下载最新完整开发包。将下载好的包放置在 echartsMapDemo/dep 目录下，并在 html 中以 Script 标签引入，代码如下，文件命名为 index2.html：

```
<!DOCTYPE html>
<html lang="en">
<head>
<meta charset="UTF-8">
<title>ECharts map Demo</title>
</head>
<body>
</body>
<script src="/dep/echarts.min.js"></script>
</html>
```

③ 创建图标容器，在 HTML 中定义一个 div 作为地图的容器，高度设为 500px，一定要保证容器高度不为 0，index3.html 代码如下：

```
<!DOCTYPE html>
<html lang="en">
<head>
<meta charset="UTF-8">
<title>ECharts map Demo</title>
</head>
<body>
    <div id="map-wrap" style="height: 500px;">
        <!--这里以后是地图 -->
    </div>
</body>
<script src="/dep/echarts.min.js"></script>
</html>
```

然后，还需要一个地图文件，ECharts 提供两种格式的地图数据，一种是 JS 格式，另一种是 JSON 格式。下面会分别使用这两种方式实现。同样去官网上下载，这里选择下载地图 china.js 或 china.json。也可以根据需要选择其他省份地图或世界地图。

（2）绘制地图

EChart 提供两种格式的地图数据，一种是 JS 格式，另一种是 JSON 格式。下面分别介绍两种格式的用法。

格式 1：引用 JS 格式地图数据

①在官网上下载 JS 格式地图 china.js，将下载好的 china.js 放在 echartsMapDemo/map/js 目录下，并命名文件名称为 index-js.html，代码如下：

```
<!DOCTYPE html>
<html lang="en">
<head>
<meta charset="UTF-8">
<title>ECharts map Demo</title>
</head>
<body>
    <div id="map-wrap" style="height: 500px;">
        <!--这里以后是地图 -->
    </div>
</body>
<script src="/dep/echarts.min.js"></script>
<script src="/map/js/china.js"></script>
</html>
```

② 在 JS 中用 echarts.init()方法初始化一个 ECharts 实例，在 init()中传入图表容器 Dom 对象，同时定义一个变量 option，作为图表的配置项：

```
//初始化 ECharts 示例 mapChart
var mapChart = echarts.init(document.getElementById('map-wrap'));
//mapChart 的配置
var option = {
};
```

③ 通过配置 option，新建一个地理坐标系 geo，地图类型为中国地图：

```
var option = {
   geo: {
   map: 'china'
   }
};
```

geo.map 属性定义该地理坐标系中的地图数据，这里要用 china.js，设置 map 值为 'china'。这里需要注意，中国地图的 map 值为 'china'，世界地图的 map 值为 'world'，但如果要引用省市自治区地图 map 值为简体中文，例如 beijing.js，那 map 值应设为 '北京'。

④ 调用 setOption（option）为图表设置配置项。

```
mapChart.setOption(option);
```

格式 2：引用 JSON 格式地图数据

① 同样在官网下载 JSON 格式的地图数据，放在 echartsMapDemo/map/json 目录下。

② json 数据通过异步方式加载，加载完成后需要手动注册地图。这里使用 jQuery 的$.get() 方法异步加载 china.json。首先要在 HTML 中引用 jQuery，这里省略操作说明，在回调函数中，以上述同样的方法初始化一个 mapCharts，注册地图并设置 option：

```
$.get ('map/json/china.json', function (chinaJson) {
    echarts.registerMap ('china', chinaJson); // 注册地图
    var mapChart = echarts.init(document.getElementById('map-wrap'));
    var option = {
        geo: {
        map: 'china'
        }
    }
    mapChart.setOption (option);
});
});
```

现在就可以在页面中看到地图，请读者运行一下看看得到结果。

为了突出散点效果，先为地图改个颜色：

```
var option = {
  geo: {
    map: 'china',
    itemStyle: {                   // 定义样式
      normal: {                    // 普通状态下的样式
        areaColor: '#323c48',
        borderColor: '#111'
      },
      emphasis: {                  // 高亮状态下的样式
        areaColor: '#2a333d'
      }
    }
  },
  backgroundColor: '#404a59',      // 图表背景色
}
```

读者运行一下就能看到换装后的地图。

（3）绘制散点图

① 新建散点图 series。

在 option 中添加一个 series，series 的类型为散点图 scatter，坐标系为地理坐标系 geo。

```
var option = {
  geo: {
  ...
  },
  backgroundColor: '#404a59',
  series: [
    {
        name: '销量', // series 名称
        type: 'scatter', // series 图表类型
        coordinateSystem: 'geo' // series 坐标系类型
    }
  ]
}
```

② 添加数据。

ECharts 中 series.data 是定义图表数据内容的数组，其中每个项数据格式为：

```
{
  name: '北京',     // 数据项名称，在这里指地区名称

  value: [          // 数据项值
      116.46,       // 地理坐标，经度
      39.92,        // 地理坐标，纬度
      340           // 北京地区的数值
  ]
}
```

首先我们将需要渲染的数据转换成上述数据格式，存在一个变量中：

```
var myData = [
  {name: '海门', value: [121.15, 31.89, 90]},
  {name: '鄂尔多斯', value: [109.781327, 39.608266, 120]},
  {name: '招远', value: [120.38, 37.35, 142]},
  {name: '舟山', value: [122.207216, 29.985295, 123]},
  ...
]
```

然后，将 myData 赋值给 series.data：

```
var option = {
  geo: {
  ...
  },
  backgroundColor: '#404a59',
  series: [
      {
          name: '销量',
          type: 'scatter',
          coordinateSystem: 'geo',
          data: myData // series 数据内容
      }
  ]
}
```

数据添加完成，就可以在图表中看到渲染出的散点，请读者自行运行再查看结果。

③ 添加视觉映射组件。

视觉映射组件是标识某一数据范围内数据及颜色对应关系的控件,视觉映射组件分为连续型和分段型，这里选用连续型 type:continuous。同时，通过视觉映射组件可以实现 ECharts 值域漫游功能，即通过拖曳控件手柄选择不同数值范围，达到对图表数据的筛选显示。在 visualMap 属性中设置值域控件的相关配置：

```
var option = {
  ...
  visualMap: {
      type: 'continuous', // 连续型
      min: 0,             // 值域最小值，必须的参数
      max: 200,           // 值域最大值，必须的参数
      calculable: true, // 是否启用值域漫游
      inRange: {
  color: ['#50a3ba','#eac736','#d94e5d']
                      // 指定数值从低到高时的颜色变化
      },
      textStyle: {
          color: '#fff' // 值域控件的文本颜色
      }
  }
```

```
}
```

添加了值域控件的图表效果，请读者自行运行再查看结果。

这样，一个基于原地图的散点图就基本实现了。

7.5.4　常见问题

1. 问题 1：ECharts 饼图的中文乱码问题

这是因为我们在源代码中设置的编码为 UTF-8 格式，但保存文件时却并不是这个格式，如图 7-32 所示。

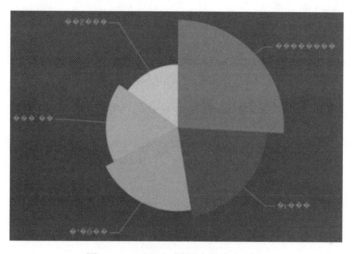

图 7-32　ECharts 饼图中的中文乱码

用记事本打开这个 HTML 文件，在"另存为"对话框中，选择保存为 UTF-8 格式，如图 7-33 所示。

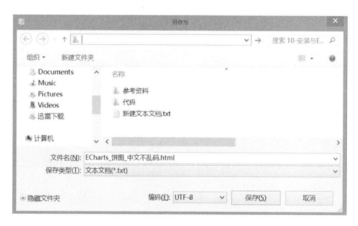

图 7-33　另存为 UTF-8 格式

再次打开就正常了，可以发现中文已经正常显示了，如图 7-34 所示。

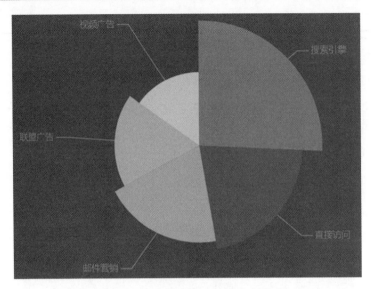

图 7-34　ECharts 饼图中的中文正常了

2. 问题 2：bar 图 x 轴显示数值，y 轴显示文本

正常的 x 轴显示文本，y 轴显示数值，xAxis 中的 type 为 category，存放文本的 data 数组放在 yAxis 中，而 y 轴显示文本，x 轴显示数值，只需要将 xAxis 中的 type 改为 value，yAxis 中的 type 改为 category，data 数组放在 yAxis 中。

```
xAxis : [
  {
   type : 'value',
  }
],
  yAxis : [
  {
   type : 'category',
   data : ["科员","副科级","中华人民共和国正科级","副处级","处级"],
  }
],
```

这种情况下，如果文本太长而显示不全，可将 y 轴向右移动，使文本可显示的区域变大，调整 grid 的 x 属性（x,y 为 ECharts 图左上角的那个点，x2,y2 为右下角的那个点），如图 7-35 所示。

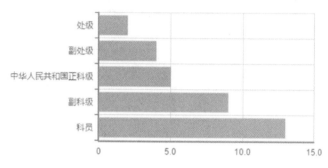

图 7-35　条形图

3. 问题 3：去掉饼图外面的圆环

饼图外面有个圆环，有时感觉不好看想去掉，将 calculable 配置项删除或赋值为 false 均可，如图 7-36 所示。

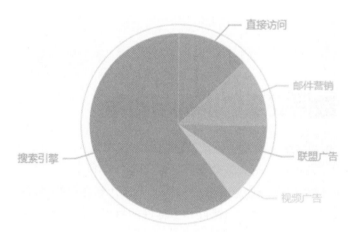

图 7-36　饼图

第 8 章
◀ 大数据安全 ▶

本章学习目标

● 　了解大数据安全的挑战。
● 　了解大数据安全的对策。
● 　了解数据管理安全。
● 　了解数据安全的分析。

本章先向读者介绍大数据安全的挑战和对策，再介绍数据管理安全，最后介绍数据安全分析。

8.1　大数据安全的挑战与对策

当今，社会信息化和网络化的发展导致数据的爆炸式增长。据统计，平均每秒有 200 万的用户在使用谷歌搜索，各行业也有大量数据在不断产生。在科学界，《Nature》和《Science》都推出大数据专题对其展开探讨,这意味着大数据成为云计算之后的信息技术领域的另一个信息产业增长点。大数据具有大规模、高速性和多样性的特点，涵盖了人、机、物等方方面面。

大数据的分析目标包括以下 3 个方面：

（1）获得知识与推测趋势：大数据包含大量原始、真实信息，这使得大数据分析能够有效摒弃个体差异，帮助人们透过现象把握规律。

（2）分析掌握个性化特征：企业通过长时间、多维度的数据积累，可以分析用户行为规律，为用户提供更好的个性化产品和服务，以及更精确的广告推荐。

（3）通过分析辨别真相：由于网络中信息的传递更加便利，因此网络虚假信息造成的危害也更大，目前人们开始尝试利用大数据进行虚假信息的识别。

大数据简单的技术框架可以分为数据采集与预处理、数据分析和数据解释 3 个部分。由于大数据的来源不一，可能存在不同模式的描述，甚至存在矛盾，因此在数据集成过程中对数据进行清洗以消除相似、重复或不一致的数据是非常必要的。数据分析分为计算架构、查询与索引和数据分析处理三类。数据解释旨在更好地支持用户对数据分析结果的使用，涉及的主要技术为可视化和人机交互。

大数据在世界范围内的应用已经十分广泛，例如 Google 公司曾经通过全美各地区搜索 H1N1 及流感相关关键字频率和分布得出疫情暴发的情报；对冲基金通过 Twitter 用户每天关于情绪的关键字进行以亿为单位的数据分析，作为买入和卖出股票的参考；Boston 的爆炸案通过当天的数据分析，第二天就抓获了嫌疑犯并制止了其再次作案。

而大数据成为竞争新焦点的同时也带来了更多的安全风险，表现在下面几个方面：

- 业务数据：大数据本身成为网络攻击的显著目标。
- 隐私泄露：大数据加大隐私泄露风险。
- 存储风险：大数据对现有的存储和安防措施提出新挑战。
- APT 攻击：大数据成为高级可持续攻击的载体。

大数据不仅意味着海量的数据，也意味着更复杂、更敏感的数据，数据会吸引更多的潜在攻击者，成为更具吸引力的目标。而数据的大量聚集，也使得黑客一次成功的攻击能够获得更多的数据，无形中降低了黑客的进攻成本，增加了"收益率"。

大数据带来的安全挑战主要分为 3 类：

（1）用户隐私保护：不仅限于个人隐私泄露，还在于基于大数据对人们状态和行为的预测，目前用户数据的收集、管理和使用缺乏监督，主要依靠企业自律。

（2）大数据的可信性：威胁之一是伪造或刻意制造数据，而错误的数据往往会导致错误的结论，威胁之二是数据在传播中的逐步失真。

（3）如何实现大数据访问控制：访问控制的第一个问题是难以预设角色，实现角色划分，第二个问题是难以预知每个角色的实际权限。

大数据对现有的存储和安防措施提出了更大的挑战。攻击者利用大数据将攻击很好地隐藏起来，使得传统的防护策略难以检测出来。而大数据价值的低密度性也让安全分析工具很难聚焦在价值点上。随着数据的增长，安全防护更新升级速度无法跟上数据量非线性增长的步伐。

大数据可能成为高级可持续攻击的载体。数据的大集中导致复杂多样的数据存储，如可能出现数据违规存储，而常规的安全扫描手段需要耗费过多的时间，已影响到安全控制措施能否正确运行，攻击者可设置陷阱误导安全厂商提取目标信息，导致安全监测偏离应有的方向。

大数据成为竞争新焦点的同时，带来了更多安全风险，表现在如下几个方面：

（1）信息过滤：如何从海量数据中过滤敏感信息内容。

（2）舆情分析：如何实时将最重要的舆情信息优先放到用户面前。

（3）社会网络分析：大数据对现有的存储和安防措施提出挑战。

（4）开源情报分析：大数据成为高级可持续攻击的载体。

8.2 数据管理安全

大数据在带来了新安全风险的同时，也为信息安全的发展提供了新机遇。在网络安全防护方面，利用大数据分析，通过搜集来自多种数据源的信息安全数据，深入分析挖掘有价值的信息，对未知的安全威胁做到提前响应、降低风险。在网络信息内容防护方面，借助基于大数据分析技术的机器学习和数据挖掘算法，智能地洞悉信息与网络安全的态势，从而更加主动、弹性地区应对新型复杂的威胁和未知多变的风险。随着经济社会的快速发展，保障我国大数据信息安全已经成为关乎大数据应用的重要基础。

保证大数据安全采取的措施，表现在以下几个方面：

（1）安全分析：大数据正在为安全分析提供新的可能性，对于海量数据的分析有助于信息安全服务提供商更好地刻画网络异常行为，从而找出数据中的风险点。

（2）认证技术：收集用户行为和设备行为数据，对这些数据进行分析，获得用户行为和设备行为的特征，进而确定其身份。

（3）匿名保护技术：数据发布匿名保护技术是对大数据中结构化数据实现隐私保护的核心关键与基本技术手段。

基于大数据，企业可以更主动地发现潜在的安全威胁，相较于传统技术方案，大数据威胁发现技术有以下优点：

（1）分析内容的范围更大。

（2）分析内容的时间跨度更长。

（3）攻击威胁的预测性。

（4）对未知威胁的检测。

身份认证是信息系统或网络中确认操作者身份的过程，传统认证技术只要通过用户所知的口令或者持有凭证来鉴别用户。攻击者总能找到方法来骗取用户所知的秘密或窃取用户凭证，而传统认证技术中认证方式越安全，往往意味着用户负担越重。

基于大数据的认证技术的原理是收集用户行为和设备行为数据，对这些数据进行分析，获得用户行为和设备行为的特征，进而确定其身份。其优点是攻击者很难模拟用户行为通过认证，同时也减小了用户负担，能更好地支持各系统认证机制的统一。缺点是初始阶段认证分析不准确，且对数据质量要求高，存在用户隐私问题。

大数据匿名保护技术的原理是对大数据结构化数据实现隐私保护的核心关键与基本技术手段。K-匿名技术要求发布的数据中存在一定数量（至少为 K）的，在准标识符上不可区分的记录，使攻击者不能判别出隐私信息所属的具体个体，从而保护了个人隐私。其优点是在一定程度上保护了数据的隐私，能够很好地解决静态、一次发布的数据隐私保护问题，缺点是不能应对数据连续多次发布、攻击者从多渠道获得数据的问题的场景。

社交网络中典型的匿名保护的原理是用户标识匿名与属性匿名以及用户间关系匿名。用户标识匿名与属性匿名是指在数据发布时隐藏了用户的标识与属性信息,用户间关系匿名是指在数据发布时隐藏了用户间的关系。常见的社交网络匿名保护方案包括边匿名方案和超级节点方案,边匿名方案多基于边的增删,用随机增删交换边的方法有效地实现边匿名,不足之处是匿名边保护不足。超级节点方案是基于超级节点对图结构进行分割和集聚操作,不足之处在于牺牲数据的可用性。

数据水印技术是指将标识信息以难以察觉的方式嵌入在数据载体内部且不影响其使用方法,多见于多媒体数据版权保护,也有针对数据库和文本文件的水印方案。数据水印技术的前提是数据中存在冗余信息或可容忍一定精度的误差。强健水印类可用于大数据起源证明,脆弱水印类可证明数据的真实性。当前方案多基于静态数据集,针对大数据的高速产生与更新的特性考虑不足。Agrawal 等人基于数据库中数值型数据存在误差容忍范围,将少量水印信息嵌入到这些数据中随机选取的、最不重要的位置上。Sion 等人基于数据集合统计特征,将水印信息嵌入属性数据中,防止攻击者破坏水印。

数据溯源技术的目标是帮助人们确定数据仓库中各项数据的来源,也可以用于文件的溯源与恢复。其基本方法是标记法,比如通过数据进行标记来记录数据在数据仓库中的查询与传播历史。

角色挖掘技术是根据现有“用户-对象”的授权情况,设计算法自动实现角色的提取与优化。

其典型工作包括下面 3 个方面:

(1)以可视化形式,通过用户权限二维图排序归并方式进行角色提取。

(2)子集枚举以及聚类的方法提取角色。

(3)基于形式化语义分析,通过层次化挖掘来更准确地提取角色。

风险自适应的访问控制是针对在大数据场景中,安全管理员可能缺乏足够的专业知识,无法准确地为用户指定其可以访问的数据的情况。其案例包括基于多级别安全模型的风险自适应访问控制解决方案和基于模糊推理的解决方案等。风险自适应的难点是在大数据环境中风险的定义和量化都比以往更加困难。

基于大数据的应用包括威胁发现技术、认证技术、数据真实性分析、安全-即-服务等,下面逐一进行介绍:

(1)威胁发现技术:基于大数据,企业可以更主动地发现潜在的安全威胁,相较于传统技术方案,大数据威胁发现技术有分析内容范围更大、时间跨度更长,攻击威胁的预测性和对未知威胁的检测等优点。

(2)认证技术:身份认证是信息系统或网络中确认操作者身份的过程,传统认证技术只要通过用户所知的口令或者持有凭证来鉴别用户。而基于大数据的认证技术通过收集用户行为和设备行为数据并对这些数据进行分析,获得用户行为和设备行为的特征进而确定身份。

(3)数据真实性分析:基于大数据的数据真实性分析被广泛认为是最为有效的方法。其优势包括两个方面,第一是引入大数据分析可以获得更高的识别准确率;第二是在进行大数据分析时通过机器学习技术可以发现更多具有新特征的垃圾信息,该方法面临的困难是虚假信息的定义和分析模型的构建等。

（4）安全-即-服务：对信息安全企业来说，现实的方式是通过某种方式获得大数据服务，结合自己的技术特色对外提供安全服务，其核心问题是如何收集、存储和管理大数据。以底层大数据服务为基础，各个企业之间组成相互依赖、相互支撑的信息安全服务体系，形成信息安全产业界的良好生态环境。

大数据带来新的契机的同时也带来了新的安全问题，但它自身也是解决问题的重要手段，在今后的研究和工作中，可以从技术手段和政策法规两个方面来研究如何更好地解决地大数据安全与隐私保护问题。

8.3 数据安全分析

大数据环境下的信息过滤特点：

（1）智能：智能过滤掉违反国家法律法规以及侵犯用户权益的内容，达到净化网络空间、提取情报的目的，确保国家、社会与个人的信息内容安全。

（2）高效：在系统保证准确率的情况下，可以满足海量处理规模数据，快速便捷地匹配自定义的关键字、词。

（3）自学习：通过机器学习自动抽取新的语言知识，以适应新的网络语言变化，做到因时而变。

大数据舆情分析的原理是通过互联网传播公众对现实生活中的某些热点、焦点问题所持有的、较强影响的、有倾向性的言论和观点，传播场所包括论坛、博客、新闻跟帖、转帖、微博等。大数据的舆情分析具有开放性、时效性、互动性、多元性、突发性、个性化、群体极性、揭露问题、批判现实等特点。

大数据舆情监测所面对的挑战包括：

（1）大数据采集和处理：社交媒体数据量爆炸增长，传统舆情技术无力实现全数据采集，利用传统数据处理与存储方式实现实时处理海量数据要投入巨大的代价。

（2）舆情的发现：用户一天满负荷接受的数据量有限，如何实时将最重要的舆情信息优先放到用户面前成为重要问题。

（3）舆论噪音的辨别与去除：社交平台中存在大量受控制的机器账号，可快速增长某些内容的转发量，需要有技术识别舆情的真假，防止被错误引导。

图 8-1 和图 8-2 所示是大数据舆情分析的两个示例。

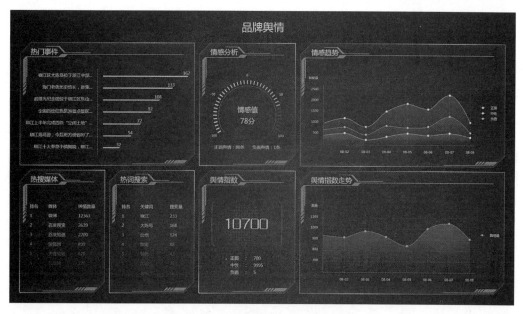

图 8-1 大数据舆情分析示例（a）

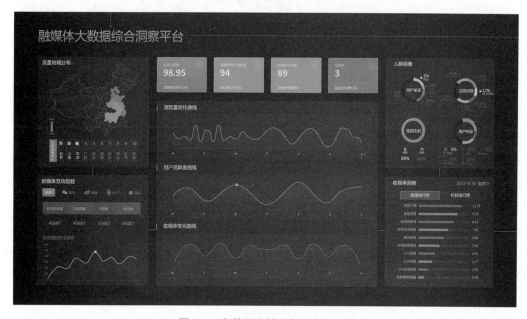

图 8-2 大数据舆情分析示例（b）

大数据社会网络分析的研究内容包括测量网络数据、发现网络性质、建立网络模型、分析网络用户行为及与各个连接节点的关系。社会网络与大数据分析相结合，为分析复杂的社会系统提供了有力的工具，在社会学、管理学、经济、国家安全等领域将得到广泛应用。图 8-3 所示的是社会网络建模的分析方法。

图 8-3　社会网络建模的分析方法

大数据开源情报分析的研究内容包括将大量的存在于网络中的开源各类数据以图形方式描述和展现数据间的关联，并运用众多数据分析的方法（关联分析、网络分析、路径分析、时间序列分析、空间分析等）来发现和揭示数据中隐含的公共要素和关联。图 8-4 展示的是大数据开源情报分析的纵向和横向比较。

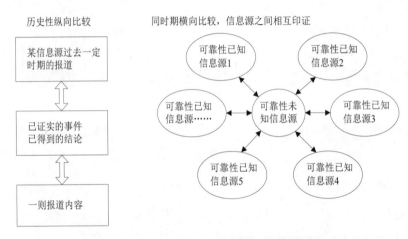

图 8-4　大数据开源情报分析的纵向和横向比较

大数据环境下的网络开源情报分析的特点包括以下几个方面：① 效率，情报收集成本小，降低了情报收集工作量，减少了违法或违反道德的风险；② 丰富，借助开源情报来理解相关联的秘密情报，且有助于研究长期问题；③ 隐蔽，可以保护情报源和情报方法以及自身的战略意图。

协作过滤是一种网络开源情报分析方法，其内容包括数据定量分析、多源数据融合和相关性分析。

第 9 章
◀ 大数据应用 ▶

本章学习目标

- 了解大互联网行业大数据的应用。
- 了解大数据在零售行业的应用。
- 了解大数据在医疗行业的应用。
- 了解大数据未来的展望。
- 掌握大数据和云计算的区别和联系。

本章先向读者介绍中国企业大数据现状和企业大数据的应用需求，再介绍互联网行业、零售、医疗等领域的大数据，接着对大数据进行展望，最后介绍了大数据和云计算的关系。

9.1 企业大数据应用

9.1.1 中国企业大数据现状

中国的企业级数据中心数据存储量正在快速增长，非结构化数据呈指数倍增长，如果能有效地处理和分析，非结构数据中也富含了对企业非常有价值的信息。图 9-1 和图 9-2 所示分别为中国 500 强企业日数据的生成量和数据年增长率。

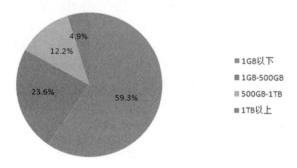

图 9-1　中国 500 强企业日数据的生成量

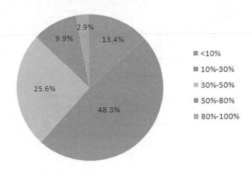

图 9-2　中国 500 强企业日数据年增长率

9.1.2　企业大数据应用需求

目前企业的数据系统架构中存在的问题包括扩展性差、资源利用率低、应用部署复杂、运营成本高、高能耗等。而企业数据分析处理所面临的问题包括缺少数据全方位的分析方法、ERP 软件处理能力差、海量数据处理效率低、实时数据分析能力差等。图 9-3 表示的是各行业企业对大数据的关注程度。

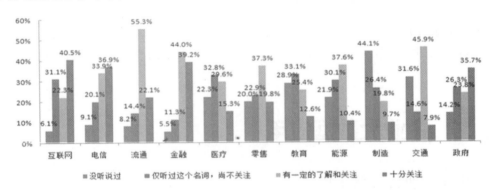

图 9-3　各行业企业对大数据的关注程度

大数据在各行业中的应用如图 9-4 所示。其中纵轴契合度表示该用户的 IT 应用特点与大数据特性的契合程度，横轴应用可能性表示该用户出于主客观因素在短期内投资大数据的可能性。需要注意的是，该位置为分析师访谈的综合印象，是定性分析，图中的位置不代表具体数值。

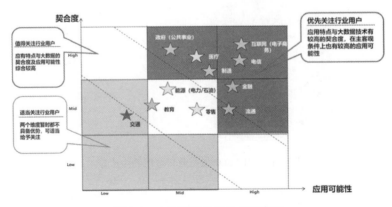

图 9-4　大数据在各行业中的应用

图 9-5~图 9-8 分别展示的是大数据在互联网行业、电信行业、金融行业和制造行业的应用。

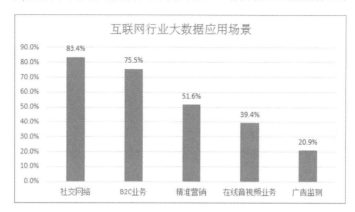

图 9-5 互联网行业大数据应用场景

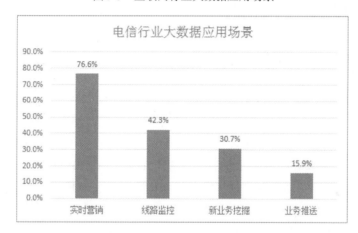

图 9-6 电信行业大数据应用场景

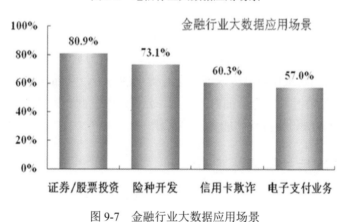

图 9-7 金融行业大数据应用场景

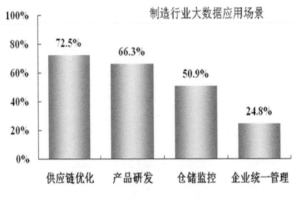

图 9-8　制造业大数据应用场景

9.2 互联网大数据

9.2.1 互联网行业拥有大数据的关键因素

互联网行业拥有大数据的关键因素包含 3 个方面：

（1）网络终端设备：网络技术的升级和终端设备的爆发，使得今天的用户能够使用多种设备、从不同位置通过多种手段来接入互联网，并在这一过程中不断创造新内容。

（2）在线应用和服务：越来越丰富的在线应用和服务，不断激励用户创造和分享信息，尤其是社会化媒体业务，带动图片、视频等非结构化数据飞速增长。

（3）与各垂直行业的融合：互联网作为一个高渗透力的行业，正在与各垂直行业发生深度的融合，原本隐藏于线下的孤岛信息源源不断地输入到线上。

互联网大数据技术的应用，会首先带动社会化媒体、电子商务的快速发展，其他的互联网分支也会紧追其后，整个行业在大数据的推动下将会蓬勃发展。

互联网行业大数据分析面临的主要问题是互联网行业对数据实时分析要求较高，例如广告监测、B2C 业务，往往要求在数秒内返回上亿行数据的分析，从而达到不影响用户体验和快速准确营销的目的。目前互联网企业面对大数据，会普遍感觉到实时分析能力差、海量数据处理效率低、缺少分析方法、分析软件能力差等问题。

9.2.2 大数据方案后的价值体现

下面以中信银行信用卡中心、农夫山泉和"数字黄河"为例展示采用大数据方案后的价值体现。

1. 中信银行信用卡中心

中信银行信用卡中心所面临的大数据挑战包括 3 个方面：

（1）发卡量增长迅速：2008 年发卡约 500 万张，2010 年增加了一倍。

（2）业务数据增长迅速：随着业务的迅猛增长，业务数据规模也线性膨胀。

（3）数据存储、系统维护、数据有效利用都面临巨大的压力。因此信用卡中心需要可扩展、高性能的数据仓库解决方案，能够实现业务数据的集中和整合，可以支持多样化和复杂化数据分析以提升信用卡中心的业务效率，通过从数据仓库提取数据，改进和推动有针对性的营销活动。

采取大数据方案后的价值体现在两个方面：

（1）实时的商业智能：可以结合实时、历史数据进行全局分析，风险管理部门现在可以每天评估客户的行为，并决定对客户的信用额度在同一天进行调整，原有内部系统、模型整体性能显著提高。

（2）秒级营销：Greenplum 数据仓库解决方案提供了统一的客户视图，更有针对性地进行营销。2011 年，中信银行信用卡中心通过其数据库营销平台进行了 1286 个宣传活动，每个营销活动配置平均时间从 2 周缩短到 2~3 天。

2. 农夫山泉

农夫山泉所面临的大数据挑战包括 3 个方面：

（1）数据量变得越来越大，分销表中数据基数大、增速快，数据展现速度越来越慢。

（2）数据运算速度越来越慢，已经让人无法忍受，影响业务的正常进行。

（3）数据更新慢，采用传统的 ETL（数据抽取、转换、装载），分析系统数据基本上一天才能更新一次。因此，农夫山泉需要能够应对海量数据的挑战，实现高效的逻辑运算、实时的数据分析以及快速的数据展现的解决方案。

采取大数据方案后的价值体现在 3 个方面：

（1）实现了快速的数据展现：与原有商业智能报表展现方案相比，新方案数据展现速度快 25~30 倍。

（2）形成了强大逻辑计算能力：测试了 120 多张已经上线的报表，基本上速度提升 100～150 倍，SAP HANA 和 Business Objects 4.0 组合只用了 46 秒就完成原来需要 24 小时才能完成的逻辑计算。

（3）实现了数据的实时、同步：HANA 使得数据从业务系统中转换到 HANA 中时基本上没有任何延迟。

3. 数字黄河

"数字黄河"所面临的大数据挑战包括 4 个方面：

（1）数据激增，IT 系统负担加重。

（2）地域分隔，信息孤岛拉低效能。

（3）无法共享，数据同步成为难题。

（4）标准各异，数据规范有待统一。因此需要制定短期和长期技术规划，以适应未来信息系统的发展。

采取大数据方案后的价值体现在两个方面：

（1）解决跨平台异构应用系统的数据共享与集成问题：黄河水利委员会各部门随时获取其权限范围内的最新数据，而无须将其存储在本部门系统中。

（2）消除信息孤岛，实现数据统一管理：有效消除了各业务系统和各组织结构之间的信息孤岛，简单获取黄河数据资源的单一视图，并确保了数据的完整性、及时性、准确性和一致性，同时首次实现元数据的可视化统一管理。

9.3 零售大数据

大数据在零售行业的应用主要体现在 3 个方面：

（1）室内定位系统。

（2）客流统计分析。

（3）个性营销互动平台。

通过遍布全商场的 WiFi 可以确定顾客在商场的具体位置，根据大数据分析的结果给顾客推出精准的商品信息和电子优惠券，引导顾客沿着设定的动线浏览，如此可以实现百货商场的电子化。

其中的室内定位系统建设主要分为 3 个环节，如图 9-9 所示。

（1）WiFi 网络的建设。

（2）定位引擎的建设。

（3）一定的互联网带宽。

图 9-9　室内定位系统建设 3 个环节

WiFi 实时定位监控系统主要由手机、无线网络基础设施（AP、AC）和定位服务平台 3 部分组成。通过 WiFi 路由器与手机或其他终端的 WiFi 信号互相感知，以确定终端所在位置，其中无线局域网 AP 和 AC 必须支持移动设备扫描功能。

定位引擎的定位精度受限于 WiFi 网络环境，整体功能及性能如下：

- 水平定位精度不大于 5 米，垂直定位能够区分楼层。
- 定位并发支持 5000 用户。
- 定位引擎输出的 X、Y 坐标不得出现在不合理的区域，如天井、墙体等。
- 能够输出用户的方向值。
- 能够输出用户的速度值。
- 支持手机 App 访问的 SDK 或位置服务接口。
- 结合地图数据能够直接输出位置点信息，如店铺代码、公共区域等。

定位引擎的 CPU 要求 Xeon 2.4GHz 以上，16 核，内存 32GB，硬盘 1TB，双千兆网卡。

在室内定位方案中，本地需要部署"本地定位引擎"，同时需要满足用户移动终端的访问需求及办公网络的带宽需求。如图 9-10 所示是匹配的带宽需求。

（1）本地定位引擎→云端（DB），为上行带宽，建议 2~5Mbps。

（2）移动终端←云端（地图、位置、营销），为下行带宽，根据移动终端用户数量 1000 人计算，带宽需要 1~10Mbps。

（3）办公带宽主要以访问数据报表为主，带宽需要 1~10Mbps。

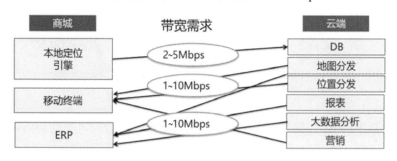

图 9-10　带宽需求

客流统计分析中的实时客流位置分布图如图 9-11 所示。其中蓝色代表顾客，橙色代表店员，刷新时间为 5 秒。

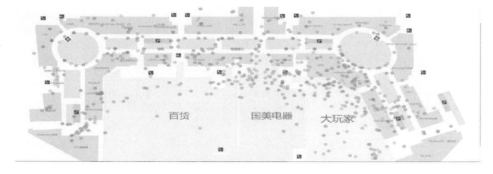

图 9-11　实时客流位置分布图

从图 9-12 和图 9-13 的对比图可以看出仅一个小时人流量涨速明显，集中于右上角区域。

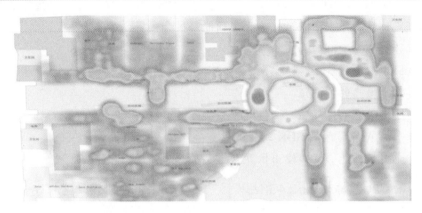

图 9-12　一个小时人流量（a）

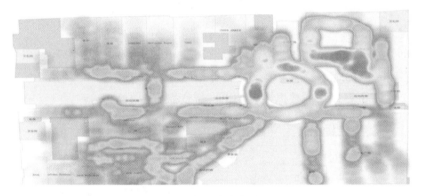

图 9-13　一个小时人流量（b）

　　客流统计分析中的 BI 数据分析包括即时人流、平均停留时间、平均访问店铺数、新老客户比、小时、日、周、季度统计和对比等，效果图如图 9-14 所示。

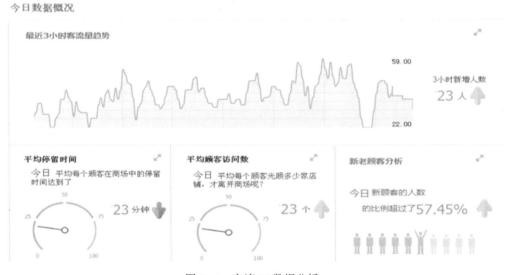

图 9-14　客流 BI 数据分析

　　表 9-1、表 9-2 和表 9-3 展示了空间大数据挖掘在客流统计分析中的示例。

表 9-1　空间大数据挖掘在客流统计分析中的示例（a）

店铺名称	进入总人数	驻留总人数	驻留/进入(%)	驻留人均时间跨度	每小时进入人数-峰值	每小时驻留人数-峰值
星巴克	11	1	9%	2:31:21	4	0
Benefit	126	18	15%	0:29:16	51	5
BOSS	133	17	12%	0:30:21	20	4
Fresh	122	18	10%	1:12:30	17	3
VANS	87	12	9%	0:23:30	16	4
NIXON	84	18	21%	1:07:22	34	3

表 9-2　空间大数据挖掘在客流统计分析中的示例（b）

商铺名称	在此商铺逗留的顾客，还会逗留的店铺的总数量
Bobbi Brown	13
BURBERRY	13
calvin klein jeans	12
benefit	10

表 9-3　空间大数据挖掘在客流统计分析中的示例（c）

商铺1	商铺2	相关性
BOSS	miss sixty sector	35%
Bobbi Brown	VANS	40%
BURBERRY	JUICY CAUTURE	42%

个性营销互动平台的功能是先通过大数据对销售信息的分析，得出最合理的人员动线设计，再通过基于惊爆价商品的合理分布来引导顾客在商场里以设计的线路浏览——称之为寻宝行动。

这里有如下两种做法：

● 通过 App 告诉顾客惊爆价或稀缺商品的大致位置，让顾客去附近寻找。

● 通过顾客在不同的区域收到不同的商品信息，再到附近寻找。这两种方式之上可以再加上一项活动，结算最多的可以再度优惠或免单。

个性营销互动平台的互动机制包括在位置上、时间上和内容上的个性互动，互动关系包括顾客和商铺的互动——附近实景淘宝、顾客和顾客的互动——分享购物体验、商铺和商铺的互动——提升顾客体验。如图 9-15 所示是个性营销互动平台的下发规则。

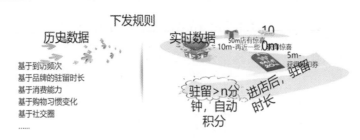

图 9-15　个性营销互动平台的下发规则

利用大数据分析的强大处理能力，可以找出购买商品的相关性商品，再通过推荐系统向顾客展示，再通过评价系统来带动商品销量的猛增，例如亚马逊的图书评价。根据顾客的购买行为习惯，分析出顾客下一步要购买的商品，再通过各种渠道向顾客展示，以提醒顾客购买。

9.4　医疗大数据

医疗行业产生的数据量主要来自于 PACS 影像、B 超、病理分析等业务所产生的非结构化数据。人体不同部位、不同专科影像的数据文件大小不一，PACS 网络存储和传输要采取不同策略。面对大数据，医疗行业遇到前所未有的挑战和机遇。

医疗行业大数据应用场景非常多，图 9-16 仅以临床操作和研发为例，展示医疗行业大数据应用场景。

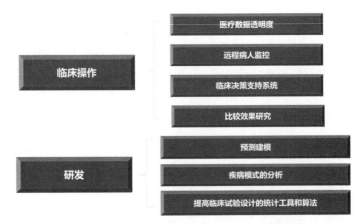

图 9-16　医疗行业（临床操作和研发）大数据应用

对于公共卫生部门，可以通过覆盖全国的患者电子病历数据库，快速检测传染病，进行全面的疫情监测，并通过集成疾病监测和响应程序，快速进行响应。

9.5 大数据未来展望

虽然大数据市场将会继续增长这一点毋庸置疑,但企业应该如何应用大数据呢?目前还没有一个清晰的答案。新的大数据技术正在进入市场,而一些旧技术的使用还在继续增长。专家预计,机器学习、预测分析、物联网和边缘计算将对将来的大数据项目产生深远影响。

下面我们将从 10 个方面探讨大数据的发展趋势。

(1)开放源码

Apache Hadoop、Spark 等开源应用程序已经在大数据领域占据了主导地位。佛瑞斯特的研究显示,Hadoop 的使用率正以每年 32.9%的速度增长。专家表示,许多企业将继续扩大他们的 Hadoop 和 NoSQL 技术应用,并寻找方法来提高处理大数据的速度。

(2)内存技术

很多公司正试图加速大数据处理过程,它们采用的一项技术就是内存技术。在传统数据库中,数据存储在配备有硬盘驱动器或固态驱动器(SSD)的存储系统中。而现代内存技术将数据存储在内存(RAM)中,这样大大提高了数据存储的速度。佛瑞斯特研究的报告中预测,内存数据架构每年将增长 29.2%。目前,有很多企业提供内存数据库技术,最著名的有 SAP、IBM 和 Pivotal。

(3)机器学习

随着大数据分析能力的不断提高,很多企业开始投资机器学习(ML)。机器学习是人工智能的一项分支,允许计算机在没有明确编码的情况下学习新事物。换句话说,就是分析大数据以得出结论。高德纳咨询公司(Gartner)称,机器学习是 2017 年十大战略技术趋势之一。它指出,当今最先进的机器学习和人工智能系统正在超越传统的基于规则的算法,创建出能够理解、学习、预测、适应,甚至可以自主操作的系统。

(4)预测分析

预测分析与机器学习密切相关,事实上 ML 系统通常为预测分析软件提供动力。在早期大数据分析中,企业通过审查他们的数据来发现过去发生了什么,后来他们开始使用分析工具来调查这些事情发生的原因。预测分析则更进一步,使用大数据分析预测未来会发生什么。普华永道(PwC)2016 年调查显示,仅为 29%的公司使用预测分析技术,这个数量并不多。同时,许多供应商最近都推出了预测分析工具。随着企业越来越意识到预测分析工具的强大功能,这一数字在未来几年可能会出现激增。

（5）智能 App

企业使用机器学习和 AI 技术的另一种方式是创建智能应用程序。这些应用程序采用大数据分析技术来分析用户过往的行为，为用户提供个性化的服务。推荐引擎就是一个大家非常熟悉的例子，在 2017 年十大战略技术趋势列表中，高德纳公司把智能应用列在了第二位。高德纳公司副总裁大卫·希尔里（David Cearley）说过："未来 10 年，几乎每个 App，每个应用程序和服务都将一定程度上应用 AI"。

（6）智能安保

许多企业也将大数据分析纳入安全战略。企业的安全日志数据提供了以往未遂的网络攻击信息，企业可以利用这些数据来预测并防止未来可能发生的攻击，以减少攻击造成的损失。一些公司正将其安全信息和事件管理软件（SIEM）与大数据平台（如 Hadoop）结合起来。还有一些公司选择向能够提供大数据分析能力的公司求助。

（7）物联网

物联网也可能对大数据产生相当大的影响。根据 IDC 在 2016 年 9 月的报告，"31.4%的受访公司推出了物联网解决方案，另有 43%希望在未来 12 个月内部署物联网解决方案。" 随着这些新设备和应用程序上线，许多公司需要新的技术和系统，才能够处理和感知来自物联网的大量数据。

（8）边缘计算

边缘计算是一种可以帮助公司处理物联网大数据的新技术。在边缘计算中，大数据分析非常接近物联网设备和传感器，而不是数据中心或云。对于企业来说，这种方式的优点显而易见。因为在网络上流动的数据较少，可以提高网络性能并节省云计算成本。它还允许公司删除过期的和无价值的物联网数据，从而降低存储和基础架构成本。边缘计算还可以加快分析过程，使决策者能够更快地洞察情况并采取行动。

（9）高薪职业

对于 IT 工作者来说，大数据的发展意味着对大数据技能人才的高需求。IDC 称，"到 2018 年，美国将有 181000 个深度分析岗位，是数据管理和数据解读相关技能岗位数量的五倍。"由于人才缺口过大，罗伯特·哈夫技术公司预测，2017 年间数据科学家的平均薪资将增长 6.5%，年薪在 116 000 美元到 163 500 美元之间（当然这是美国的标准，中国国内目前尚未统计）。同样，2020 年大数据工程师的薪资也将增长 5.8%，在 135 000 美元到 196 000 美元之间。

（10）自助服务

由于聘请高级专家的成本过高，许多公司开始转向数据分析工具。IDC 先前预测，视觉数据发现工具的增长速度将比其他商业智能（BI）市场快 2.5 倍，到 2018 年，所有企业都投资终端用户自助服务。一些大数据供应商已经推出了具有"自助服务"能力的大数据分析工具，专家预计这种趋势将持续到 2017 年及以后。数据分析过程中，信息技术的参与将越来越少，大数据分析将越来越多地融入所有部门工作人员的工作方式之中。

9.6　大数据和云计算的关系

9.6.1　云计算的特征

云计算的特征表现在下面几个方面：

（1）资源配置动态化

根据消费者的需求动态划分或释放不同的物理和虚拟资源，当增加一个需求时，可通过增加可用的资源进行匹配，实现资源的快速弹性提供；如果用户不再使用这部分资源时，可释放这些资源。云计算为客户提供的这种能力是无限的，实现了 IT 资源利用的可扩展性。

（2）需求服务自助化

云计算为客户提供自助化的资源服务，用户无须同提供商交互就可自动得到自助的计算资源能力。同时云系统为客户提供一定的应用服务目录，客户可采用自助方式选择满足自身需求的服务项目和内容。

（3）以网络为中心

云计算的组件和整体构架由网络连接在一起并存在于网络中，同时通过网络向用户提供服务。而客户可借助不同的终端设备，通过标准的应用实现对网络的访问，从而使得云计算的服务无处不在。

（4）资源的池化和透明化

对云服务的提供者而言，各种底层资源（计算、存储、网络、资源逻辑等）的异构性（如果存在某种异构性）被屏蔽，边界被打破，所有的资源可以被统一管理和调度，成为所谓的"资源池"，从而为用户提供按需服务；对用户而言，这些资源是透明的，无限大的，用户无须了解内部结构，只关心自己的需求是否得到满足即可。

9.6.2　云计算与大数据的关系

本质上，云计算与大数据的关系是动与静的关系。图 9-17 展示了大数据与云计算的关系。

图 9-17　大数据与云计算的关系

云计算强调的是计算，这是动的概念；而数据则是计算的对象，是静的概念。如果结合实际的应用，前者强调的是计算能力，或者看重的存储能力。

但是这样说，并不意味着两个概念就如此泾渭分明。大数据需要处理大数据的能力（数据获取、清洁、转换、统计等能力），其实就是强大的计算能力。

另一方面，云计算的动也是相对而言，比如基础设施即服务中的存储设备提供的主要是数据存储能力，所以可谓是动中有静。如果数据是财富，那么大数据就是宝藏，而云计算就是挖掘和利用宝藏的利器！

大数据时代的超大数据体量和占相当比例的半结构化和非结构化数据的存在，已经超越了传统数据库的管理能力，大数据技术将是 IT 领域新一代的技术与架构，它将帮助人们存储管理好大数据并从大体量、高复杂的数据中提取价值，相关的技术、产品将不断涌现，IT 行业将有可能开拓一个新的黄金时代。

大数据本质也是数据，其关键的技术依然逃不脱大数据存储管理与检索使用（包括数据挖掘和智能分析）。围绕大数据，一批新兴的数据挖掘、数据存储、数据处理与分析技术将不断涌现，让我们处理海量数据更加容易、更加便宜和迅速，成为企业业务经营的好助手，甚至可以改变许多行业的经营方式。

9.6.3　云计算及其分布式结构是重要途径

大数据处理技术正在改变目前计算机的运行模式，正在改变着这个世界：它能处理几乎各种类型的海量数据，无论是微博、文章、电子邮件、文档、音频、视频，还是其他形态的数据；它工作的速度非常快，实际上几乎实时；它具有普及性，因为它所用的都是最普通低成本的硬件，而云计算将计算任务分布在大量计算机构成的资源池上，使用户能够按需获取计算力、存储空间和信息服务。云计算及其技术给了人们廉价获取巨量计算和存储的能力，云计算分布式架构能够很好地支持大数据存储和处理需求。这样的低成本硬件+低成本软件+低成本运维，更加经济和实用，使得大数据处理和利用成为可能。

9.6.4　云数据库的必然

很多人把 NoSQL 称为云数据库，因为其处理数据的模式完全是分布于各种低成本服务器和存储磁盘，所以它可以帮助网页和各种交互性应用快速处理海量数据。它采用分布式技术结合了一系列技术，可以对海量数据进行实时分析，满足了大数据环境下一部分业务需求。但这是错误的，至少是片面的，是无法彻底解决大数据存储管理需求的。

云计算对关系型数据库的发展将产生巨大的影响。绝大多数大型业务系统（如银行、证券交易等）、电子商务系统所使用的数据库还是基于关系型的数据库，随着云计算的大量应用，势必对这些系统的构建产生影响，进而影响整个业务系统及电子商务技术的发展和系统的运行模式。

基于关系型数据库服务的云数据库产品将是云数据库的主要发展方向。云数据库（Cloud DB）提供了海量数据的并行处理能力和良好的可伸缩性等特性，提供同时支持在在线分析处理（OLAP）和在线事务处理（OLTP）能力，提供了超强性能的数据库云服务，并成为集群环境和云计算环境的理想平台。它是一个高度可扩展、安全和容错的软件，客户能通过整合降低 IT 成本，管理位于多个位置的数据，并提高所有应用程序的性能和实时性，以提供更好的业务决策服务。

9.6.5　云数据库需满足的要求

云数据库需要满足以下 4 点要求：

（1）海量数据处理：对类似搜索引擎和电信运营商级的经营分析系统这样大型的应用而言，需要能够处理 PB 级的数据，同时应对百万级的流量。

（2）大规模集群管理：分布式应用可以更加简单地部署、应用和管理。

（3）低延迟读写速度：快速的响应速度能够极大地提高用户的满意度。

（4）建设及运营成本：云计算应用的基本要求是希望在硬件成本、软件成本以及人力成本方面都有大幅度的降低。

所以云数据库必须采用一些支撑云环境的相关技术，比如数据节点动态伸缩与热插拔、对所有数据提供多个副本的故障检测与转移机制和容错机制、SN（Share Nothing）体系结构、中心管理、节点对等等。实现连通任一工作节点就是连入了整个云系统，实现任务追踪、数据压缩技术以节省磁盘空间同时减少磁盘 IO 的时间等。

9.6.6　云计算能为大数据带来的变化

　　云计算同时也能为大数据带来不小的变化。首先云计算为大数据提供了可以弹性扩展的、相对便宜的存储空间和计算资源,使得中小企业也可以像亚马逊公司一样通过云计算来完成大数据分析。其次,云计算 IT 资源庞大,分布较为广泛,是异构系统较多的企业及时准确处理数据的有力方式,甚至是唯一方式。当然,大数据要走向云计算还有赖于数据通信带宽的提高和云资源的建设,需要确保原始数据能迁移到云环境以及资源池,可以随需弹性扩展。数据分析集逐步扩大,企业级数据仓库将成为主流,未来还将逐步纳入行业数据,政府公开数据等多来源数据。

◄ 参考文献 ►

[1] 周鸣争.大数据导论[M].北京：中国铁道出版社，2017.

[2] 林子雨.大数据技术原理与应用[M].北京：人民邮电出版社，2018.

[3] 林子雨.大数据实训案例[M].北京：人民邮电出版社，2019.

[4] 周苏.大数据导论[M].北京：清华大学出版社，2016.

[5] 林子雨.大数据基础编程、实验和案例教程[M].北京：人民邮电出版社，2017.

[6] 宋立恒.陈建平.Cloudera Hadoop 大数据平台实战指南[M].北京：清华大学出版社，2019.

[7] 孟宪伟.大数据导论[M].北京：人民邮电出版社，2019.

[8] 夏道勋.大数据素质读本[M].北京：人民邮电出版社，2019.

[9] 周志华.机器学习[M].北京：清华大学出版社，2016.

[10] 鸟哥.鸟哥的 Linux 私房菜基础学习篇[M].北京：人民邮电出版社，2016.

[11] 王飞飞.MySQL 数据库应用从入门到精通[M].北京：中国铁道出版社，2019.

[12] 于俊.Spark 核心技术与高级应用[M].北京：机械工业出版社，2016.

[13] 刘鹏.大数据[M].北京：电子工业出版社，2017.

[14] 刘鹏.云计算[M].北京：人民邮电出版社，2017.

[15] 刘鹏.深度学习[M].北京：人民邮电出版社，2018.

[16] 王海.Hadoop 权威指南[M].北京：清华大学出版社，2016.

[17] 孙帅.Hive 编程技术与应用[M].北京：中国水利水电出版社，2018.

[18] 牟大恩.Kafka 入门与实践[M].北京：人民邮电出版社，2017.

[19] 彭旭.HBase 入门与实践[M].北京：人民邮电出版社，2018.

[20] 何明.Linux 从入门到精通[M].北京：中国水利水电出版社，2018.